Peter H. Kemp (*1939) ist promovierter Ingenieur, Sachbuchautor, Herausgeber und Hochschullehrer (Hochgebirgs-Ökologie/Himalaya, Umweltstrafrecht). Er begann seine Karriere als Schweizerdegen in der Boulevardpresse & Chemical Company, BASF (Ludwigshafen), später von der FU-Berlin aus mit Expeditionen Sahara/Himalaya – Labor und Feldarbeiten im Bereich »Heat Mass Transfer«; 1985-2005 leitetet er den Wissenschaftlich Technischen Dienst (Forensik) im LKA-Berlin, war Referent im BMI/BMU (Bonn) für »Nukleare Nachsorge«. Ist seit 2006 Associate des Hans-Jonas-Zentrums & Berlin Brandenburgische Akademie der Wissenschaften. Letzte Buchveröffentlichung ist ein Mundsprachliches (in Rheinfränkisch) mit Titel: »Mondes divers - diverse Welte«. Allee witt husch, husch, ehr/allez houste fort mit euch Elwedritsche in Saar-Lor-Lux. Meisenheim & Colmar/Elsass, Okt. 2011.

Mind Control

Übertragung
elektromagnetischer Wellen

Deutsche Bibliothek – CIP-Einheitsaufnahme

Kemp, Peter Heinrich, Mind Control. Übertragung elektromagnetischer Wellen.

©Copyright by Édition Wuthenow Berlin, 2011. techn. Hilfe Peter Köhler (Thüringen).

Printed in Germany ISBN 978-3-8448-03112

Herstellung und Verlag: Books on Demand GmbH, Norderstedt

»Meinen Blickwinkel trifft / Ihr Augenmaß / nie ganz« - dieser Satz ist (wäre) unschwer jedem Lyrikband als Motto und Rezensionswarnung voranzusetzen. Dieser Satz in Parenthese stammt von Frederike Frei, den ich übertrage auf ernsthafte Leser/innen für vorliegendes Sachbüchlein und lege Ihnen ans Herz, dieses nicht zu lesen ..., sich erfreulicheren Themen zu zuwenden (denn, wir Menschen sind ein offenes System und so Einflüssen von außen schutzlos ausgeliefert – und Sie werden es kaum glauben, an was manche Leute basteln oder gebastelt haben). Legen Sie das Büchlein einfach aus der Hand, dass Sie sich hinterher nicht ärgern, denn es wendet sich nicht wie Frederike (die ich am 23.11. bei Kallis 65zigsten kennenlernte) an Verblendete.../sagen wir mal, es blinzelt mit Verblendeten und entsprechenden Assoziationen. Es soll keine Experten ansprechen – »denn de wisse scho alles was drinne isch«. Das Büchlein wendet sich an diejenigen mit dem goldenen Kälbchen unterm Arm (den/diejenigen der »Mobil- und Internet-Generation«). Denen mit dem hippen Apple-Trend, der sich ja in den kleinen Alleskönner-Entertainment-Geräten manifestierte. Dem »Was-auch-immer-für-ein-Phone«. Dem tollen Ding, dem nächsten »kleinen starken...«, das fast jeder gerne hätte oder haben »wöllen«. Dem I-irgendwas, dem A-Trallala. Oft genug, und das sage ich, gieren wir nach dem neuen ...., dass die schöne neue Online-Welt verspricht, aber dann doch des »Kaisers neuen Kleidern« verdammt nahe kommt, das natürlich kaum stört, denn in Wahrheit jagen wir lieber einem Gespinst der atomischen, nein der »athmischen Ebene im Sh.... La« nach.

Resumé.
Mind Control mit ausgesendeten niedrigen Frequenzen zählt zu unkontrollierbaren Menschenversuchen, die tausenden Tiere das Leben kosteten und Menschen das Leben zur Hölle machten. Es ist ein moralisches Problem, »arme Menschen und Regierungen« sind eher bereit, ihre »Gesundheit und Wirtschaft« zu gefährden: und daraus folgt, dass »Maschinen-Menschen (Aldous Huxley) / Regierungen mit ethisch verantwortlichen Grenzen nicht existieren«. Der geldpolitische Dogmatismus auch einer Merkel-Regierung mit ihrem Programm zur Schrumpfung der Staatshaushalte zeugt von Ignoranz und Heuchelei. Bankrotte Regierungen wie Griechenland begangen via MC-Einfluss an die sie sich nachher ebenso wenig erinnerten, wie das was mit ihnen passiert ist. Mit niedrigen Frequenzen ausgesetzten Gehirnareale erlebten Menschen eine hellwache, nach außen (und innen) gerichtete Aufmerksamkeit, sie sind in der Lage zu kreativen Problemlösungen und bei höheren Frequenzen in Extremsituationen, insbesondere Soldaten und Leistungssportler, ist der Tatbestand der Körperverletzung erfüllt. Die Datenübertragung/Bewusstseins-Kontrolle über das Stromnetz wird unterschiedlich betrachtet: MC durch illegale Webinhalte, z.B. in Podcasts/Twitter-Nachrichten oder auch in sozialen Netzwerken sowie »trauma-based mind control« wird so Tür und Tor geöffnet. Niedrige Frequenzen schädigen bei längerem Einfluss Spermien, Embryonalität, Genetik sowie Homöostasen (Ausgelöste Ovarialfollikel-Defekte sind nicht reparable). Im militärischen Bereich werden Psychotronische Generatoren eingesetzt, die elektro-magnetische Strahlung erzeugen, die über TV- und Fon-Kabel, Wasserrohre und Leuchtstoffröhren übertragen werden können. Autonome Generatoren erzeugen Infra-Schall (10-150 Hz), speziell im Bereich zwischen 10-20 Hz, das gefährlich für alle Lebewesen ist. Der Nervensystem-Generator wirkt auf ZNS des Menschen und Tiere (Insekten). Mit Ultraschall können »chirurgische OPs« vorgenommen werden; U-Schall ist eine tödliche Waffe. Lautlose Cassetten, sublime Botschaften werden im Niedrig-Frequenzbereich über Musikmedien verbreitet, sie wirken wie versteckte Bilder, die im Unterbewusstsein sich festsetzen. Gezielte Medikamentierung kann über verschiedene Wege verabreicht werden - die Trance, Euphorie, Depression auslösen. Durch Kohlendioxid/Methan veränderte Atmosphäre erwärmen sich die Wassermoleküle der Luft durch Frequenzen/greifen selbst bei geringen Intensitäten in ZNS (Pflanzen/Menschen) ein. Die sich aufheizende Atmosphäre führt zu starkem Wasserzyklus. Die veränderte Dynamik in der Thermik lösen Stürme/Gewitter aus. Elektronen-Akkumulation bildet Sperrwände gegen regenbringende Wolken; sie bildet mit der Ionosphäre einen Kugelkondensator, obwohl die Eigenfrequenz dieses Speichermediums im

niederfrequenten Wellenbereich liegt. Die Folgen sind unerwünschte Trockenheit der Region.

Résumé. Mind Control avec des fréquences basses émis une des expériences humaines incontrôlables, qui a coûté la vie de milliers d'animaux et les gens ont rendu la vie un enfer vivant. C'est une question morale », les pauvres et les gouvernements" sont plus disposés à compromettre leur «santé et l'économie": "Human-machine (Aldous Huxley) / gouvernements éthiquement responsable sans limites" et il s'ensuit qu'il ya des Le dogmatisme politique monétaire et un gouvernement Merkel témoigne de son programme de budgets gouvernementaux rétrécissement de l'ignorance et l'hypocrisie. Les gouvernements en faillite comme la Grèce par des actes commis MC à laquelle ils se souvint plus tard que peu comme ce qui s'est passé pour eux. A basse fréquence, les zones exposées de la population du cerveau a connu un éveillé, à l'extérieur (et intérieur) attention dirigée, ils sont capables de résolution créative de problèmes et à des fréquences plus élevées dans des situations extrêmes, en particulier des soldats et des athlètes, le fait de blessure est satisfait. La transmission des données / sensibilisation de contrôle sur le réseau électrique est perçue différemment: MC grâce à un contenu Web illégaux, tels que dans Podcasts / messages Twitter ou sur les réseaux sociaux, ainsi que "fondées sur les traumatismes de contrôle mental» est aussi ouvert la porte. Les basses fréquences de dégâts avec le sperme d'influence prolongée Embryonalität, la génétique et l'homéostasie (défauts de l'ovaire Déclenché ne sont pas réparables). Dans les générateurs psychotroniques militaire sur le terrain sont utilisées pour générer le rayonnement électro-magnétique, qui peut être transmise sur la télévision par câble et sèche-cheveux, des conduites d'eau et les tubes. Générateurs autonomes produisent infra-sons (10-150 Hz), en particulier dans la gamme 10-20 Hz, ce qui est dangereux de tous les êtres vivants. Le générateur du système nerveux agit sur le SNC des humains et des animaux (insectes). Avec l'échographie, "salles d'opération chirurgicale» sont faites, U-Sound est une arme mortelle. Cassettes Silencieux, messages subliminaux sont diffusés dans le domaine des basses fréquences des médias musicaux, ils sont comme des images cachées qui a collé dans le subconscient. Médicaments ciblés peuvent être administrés par des voies différentes - déclencher la transe, l'euphorie, la dépression. En dioxyde de carbone / atmosphère de méthane a changé, les molécules d'eau de l'air chauffé par des fréquences automne / même à de faibles intensités dans le SNC (usine / les êtres humains). La chaleur de l'atmosphère conduit à cycle de l'eau sévère. La dynamique changeante dans la résolution des tempêtes thermiques / orages à partir. Electron accumulation est le blocage des murs contre la pluie des nuages, il forme un condensateur sphérique avec l'ionosphère, bien que la fréquence naturelle de ce support de stockage dans la bande de basse fréquence. Les conséquences sont la sécheresse indésirables de la région.

Résumé. Mind Control with low frequencies emitted one of uncontrollable human experiments, which cost the lives of thousands of animals and people made life a living hell. It is a moral issue, "poor people and governments" are more willing to compromise their "health and economy": and it follows that there are "human-machine (Aldous Huxley) / ethically responsible governments with no limits." The monetary policy dogmatism and a Merkel government testifies to its program of shrinking government budgets of the ignorance and hypocrisy. Bankrupt governments like Greece via MC committed acts to which they remembered afterwards as little like what happened to them. At low frequencies, exposed areas of the brain experienced people a wide-awake, to the outside (and inside) directed attention, they are capable of creative problem solving and at higher frequencies in extreme situations, especially soldiers and athletes, the fact of injury is met. The data transmission / awareness-control over the power grid is viewed differently: MC through illegal Web content, such as in Podcasts / Twitter messages or on social networks as well as "trauma-based mind control" is so open the door. Low frequencies of damage with prolonged influence sperm Embryonalität, genetics, and homeostasis (Triggered ovarian defects are not repairable). In the military field Psychotronic generators are used to generate the electro-magnetic radiation, which can be transmitted over cable TV and hair dryer, water pipes and tubes. Autonomous generators produce infra-sound (10-150 Hz), especially in the range 10-20 Hz, which is dangerous to all living beings. The nervous system generator acts on the CNS of humans and animals (insects). With ultrasound, "surgical operating rooms" are made, U-Sound is a deadly weapon. Silent cassettes, subliminal messages are disseminated in the low-frequency range of music media, they are like hidden images that stuck in the subconscious. Targeted medication can be administered by various routes - trigger the trance, euphoria, depression. By carbon dioxide / methane atmosphere changed, the water molecules of the air heated by frequencies fall / even at low intensities in the CNS (plant / human beings). Heat up the atmosphere leads to severe water cycle. The changing dynamics in solving the thermal storms / thunderstorms from. Electron accumulation is blocking walls against rain-clouds, it forms a spherical capacitor with the ionosphere, although the natural frequency of this storage medium in the low frequency band. The consequences are unwanted dryness of the region.

Inhaltsverzeichnis

RESUMÉ.	6
EINLEITUNG	11
MIND CONTROL	24
GEHIRNSTRÖME	33
AUF EIN WEITERES	53
INFOS UND NETZSTRUKTUR	65
GEO-ZUSAMMENHÄNGE	73
ERDMAGNETFELD & IONOSPHÄRE	76
INDECT	88
KEIN NACHWEIS FÜR GEHIRN-TUMORE	92
ELEKTROMAGNETISCHE FELDER	104
SPERMIENSCHÄDIGUNG, EMBRYONALITÄT, GENETIK DER OVARIALFOLLIKEL	114
LITERATURVERZEICHNIS	120

Einleitung

Mind Control[1] und Elektromagnetische Frequenzen entstammen sowohl Basis-Sende-Stationen wie Tektonischen Gräben (kommen dort aus Wasseradern, Erdspalten, Erdverwerfungen, Globalgitternetzen, dem »radioaktiven Gas Radon«). Sowohl Sender wie Gräben überziehen die Erde mit einem Netz von Energiefeldern, die physikalisch und radioästhetisch gemessen werden können und unterschiedlich wirken, individuell und global. Individuelle, leichte »MC«-Wirkungen sind erwünscht und gewollt, schwerwiegend beeinflusste (krankhafte) MC-Opfer sind im Allgemeinen nicht erwünscht und sind gesellschaftlich isoliert, für sie gibt es meistens kein Verständnis und keine Hilfe. »Mind« sind nicht nur Gedanken, oder die Meinung, der Wille, der Kopf, das Gehirn, das Bewusstsein, das es darstellt und die Persönlichkeit eines Menschen verkörpert. Das Bewusstsein wird durch Erleben, durch Wahrnehmen, Selbstbewusstsein, Wachheit, Handlungsfähigkeit sowie Intentionalität (Vermögen des Bewusstseins, sich auf etwas zu Beziehen)[2]

---

[1] Kemp, 2009, 216 Hinweis zu MC: In Tibet wurde an ausgewählten Tulkus (Mönchen) die »absichtliche Schaffung mehrerer Persönlichkeiten« durchgeführt zur Beherrschung des Lun-gom – Laufes (jahrelange Meditationspraxis führt zur Levitation und zur Fähigkeit des Lun-gom-Laufes: Beobachtungen an Personen mit multipler Persönlichkeitsstörung (dissoziative Identitätsstörung) gehen Tausend Jahre zurück. An psychisch Kranken (und KZ-Häftlingen belegbar) wurden MC-Versuche durchgeführt – erbrachten zunächst nicht den erwarteten Erfolg. Zur US-Schreibweise: 'MK' steht für 'Mind Control', das 'K' soll wohl ein Zugeständnis an übergelaufene NS-Wissenschaftler sein. Die Projektnamen finden wir mit oder ohne Bindestrich, also 'MK-Ultra' oder 'MKULTRA'. Alliierte Militärs trauten den NS-Militärs in dieser Richtung mehr zu oder wollten eigene Ergebnisse kaschieren. Internationale Meinungen besagten, dass »alles Schmutzige, das durch Forschung in den KZ erreichbar war«, dem NS-System ohne weiteres zugetraut wurde. Der NS-Staat war zwar ein Meister der Propaganda, jedoch wurden MC/Brainwashing (Gehirnwäsche) in Amerika nach dem Zweiten Weltkrieg »erfolgreich« ausgebaut und angewendet. Genauso in der UdSSR; siehe meine Ausführungen zu CIA, dem HAARP-Projekt am Monroe-Institut.

[2] Intentionalität geht in der modernen Diskussion auf den Philosophen/Psychologen Franz Brentano zurück. Brentano hatte den Begriff in seiner Arbeit vom empirischen

bestimmt. Einerseits ist die Auseinandersetzung mit dem eigenen Bewusstsein gemeint, die mit Techniken wie Meditation und Frequenzen arbeitet. Angestrebt wird dabei eine Bewusstseinserweiterung. Dadurch wird aber auch die nachhaltige Manipulation der Individuen oder Gruppen mit dem Ziel verstanden, ihre Wahrnehmungen, Überzeugungen und Persönlichkeit zu verändern. Wem nutzt und dient Mind (Control)? Diese Frage wird im Zusammenhang ungefragter und unkontrollierbare Einwirkung der Frequenzen zum zentralen Thema in diesem Büchlein!

»Control« bedeutet der Inhalt des Wortes »Steuerung« (vgl. ratio control/PC/Handysteuerung); ebenso ist ein »Controler« kein Aufseher, sondern der- oder diejenige, der/die Betriebsabläufe steuert und danach handelt. Der Film »Manchurian Candidate« von 1962 demonstrierte eindrucksvoll »MC« und hatte dem Opfer der Methode den allgemein geläufigen Namen gegeben: »ethisch problematisch und strafrechtlich ferngesteuerter Mensch«.

Rückschauend stellen wir staunend in den Skythen-Gräber (der Kurgane) von Vettersnfelder fest (Vorfahren der Kalmücken/Kshatriya),[3] dass diese Reiternomaden bereits eine ausgefeilte Kommunikation betrieben. Hochmobile Lebens- und Wirtschaftsweisen sowie neuartige Kampfweisen der bewaffneten Reiter geben uns Auskunft »wie sie Signale übermittelten« – in ihrer früheisenzeitlichen Periode, der sie sich anvertrauten. Dem Volk der Reiterkrieger aus der späten

---

Standpunkt her eingeführt. Durch Edmund Husserls wurde der Begriff Intentionalität zu einem zentralen Konzept und Aussage der Phänomenologie. In heutigen Debatten (Philosophie des Geistes) wird Intentionalität als spezifisches Merkmal des Mentalen verstanden, denn gibt es Intentionalität, so gibt es Mentales – und nicht nur Materielles oder naturwissenschaftlich Beschreibbares. Die Annahme von Intentionalität ist daher, ebenso wie phänomenales Bewusstsein ein Problem für den Materialismus.

[3] Die Skythen-Grabfunde geben Auskunft, lange vor dem »Kshatriya«-Einsatz in der Waffen-SS (1941).

Bronzezeit (800 oder 700 vor Chr.), gelangten schnelle »Entscheidungsübermittlung«, so wie später bei den Hunnen, Mongolen sowie Tartaren. Aus den Kurgan-Grabfunden geht nämlich auch hervor, dass die Reiterkrieger zur Übertragung von Nachrichten in Form zeitabhängiger Signale (wir sprechen von »Nutzsignalen«, von »komplexen Signalen« im Gegensatz zu »komplexen Systemen«) zwischen räumlich entfernten Sende- und Empfangsstationen den Ton des Kuduhorns[4] und Nachrichtenüberbringer des »Lun-gom« Läufers[5] sowie reitenden Boten einsetzten (neben aufsteigendem Rauch weiß oder schwarz), Lichtfeuer (siehe Lichtzeichen in der Schifffahrt, oder Lichtmorsezeichen, Schalldruck u.a.m.) mit »endlicher Energie« und solcher mit »endlicher Leistung«. Betrachten wir der dem Signal innewohnende Infos (wo »natürlich« unterschiedliche Störungen einwirken können, additives Rauschen bezeichnet), so war die ankommende Nachricht für den Empfänger unbekannt – sie weist »Zufallscharakter« auf, denn andererseits wäre der Empfänger in der Lage gewesen aus der Vergangenheit des Signals auf eine zukünftige Info zu schließen. D.h. es handelt sich um Zufallssignale mit außerordentlicher Bedeutung (wir sprechen von stochastischen Signalen), die asiatische Vorfahren bereits mit Mitteln der Statistik behandelten, also, aus Angaben

---

[4] Kuduhorn, Widderhörner, Schafhörner - Schofar auch Schaufor (ashk.), Sopar (sef.), Shoyfer (jidd.) er-schallten in dramatischen und kriegerischen Augenblicken, wo Truppen mobilisiert wurden. Bereits die Bibel berichtete vom Schofar, einem der ältesten Musikinstrumente der Welt, mit dessen Stoß (sieben an der Zahl) die Mauern von Jericho zu Fall gebracht wurden. Auf dem jüd. Friedhof in Essingen (südl. Weinstrasse/Pfalz) ist eine Mazewa mit Schofar abgebildet. Heute erklingt das Schofar an jüd. Feiertagen, z.B.»Rosh Hashana« (Neujahrsfest).
[5] Nach vorhergehender (jahrelanger) Meditationspraxis in vorbuddhistischer Gesellschaft der Skythen und Kshatriya führt der »Lun-gom« Lauf zur zeitweiligen Levitation u Befähigung der Personen zur multiplen Persönlichkeits-veränderung, zur dissoziativer Identitätsfindung.

bestimmter Mittelwerte u.a. »lasen« die Empfänger die Nachrichten heraus.[6]

Bei der drahtlosen Übertragung werden elektromagnetische Wellen gebündelt und zielgerichtet wie bei Richtfunkantennen, ähnlich dem Mechanismus von Parabolspiegeln übertragen (die Energie wird zielgerichtet).[7] Wissenschaftler und Techniker ließen sich in den 30-40er Jahre durch Techné-Impulse Asiens inspirieren. Interessanterweise fand zu der Zeit in der Schweiz die Tagung »Eranos«[8] statt, auf der eine Begegnung zwischen Techné Asiens und dem Westen stattfand und in Diskussionsforen diskutiert wurde. Wissenschaftler und Techniker versuchten Chaos (die Ordnung des Universums), die Mythologie in Grenzbereiche der (modernen) Physik in dem sich entwickelnden »dreidimensionalen Gefüge« zusammenzubringen.[9]

---

[6] Erst im 19. Jh. (1844) entwickelte der Amerikaner Samuel B. Morse die gleichnamige Telegrammübermittlung. Nachrichten wurden mithilfe von Stromimpulsen verschickt. Verbessert wurde die Morsetechnik durch die Erfindung des Telefons im Jahre 1876 von Bell. Auch hier wurden und werden immer noch Impulse in Form von Elektronen durch eine Leitung transportiert. Der Vorteil lag hier darin, dass die Nachricht direkt gesprochen über Funk übermittel werden konnte, der Nachteil war die Sicherheit. 1895 entstand die erste kabellose Verbindung, 1924 zw. England und der Kolonie S-Afrika.
[7] Inwiefern sich die drahtlose Energieübertragung im Feld der Lichtsteuerung mit sog. DALI-Systemen zur Ansteuerung anwenden lässt, wird seit Jahren geprüft, Kemp, 2009, 479.
[8] Eranos-Tagungen fanden seit 1933 in Ascona (Schweiz) am Berg Monte Verital u an den Ufern des Lago Maggiore statt. Die Eranos-Tagungen wurden von Olga Froebe-Kapteyn als Begegnung östlicher u westlicher Religion, Geistigkeit u Techné verstanden. Die Eranos-Tagungen wurden berühmt hinsichtlich ihrer Diversität u ihren Themen in Techné & Philosophie – Asien/Westen.
[9] Gefangen genommene Sowjet.-Soldaten (der Wehrmacht) aus Asien und auch schwarzafrikanische der Franz. Armee hatten im späteren Verlauf des Krieges, entwürdigende Vermessungen der Kopfform über sich ergehen zu lassen. Sie wurden oftmals auch getötet um ihre Schädel zu konservieren und zur Schau stellen zu können.

In der Rechten Philosophie schlossen sich verschiedene Persönlichkeiten wie Houston Steward Chamberlain und Julius Langbehn dem »Blauen Faschismus« an.[10] Ob das Weltfluchten waren, ist ungewiss; sie gestatteten ihnen aus heutiger Sicht (ohne Gesichtsverlust) Informations-Denkmuster aufzugreifen, die seit Jahrhunderten in Mythen Asiens (der heutigen Dritten Welt) sowie im »Großmachtwahn« - Japans verbreitet waren. Rosenberg,[11] Gehlen u.a. gingen davon aus, dass die Lamas aus dem »Fernen Osten« um ihren schöpferischen Reichtum wussten und dass es sich um Persönlichkeiten handelte, »Buddha hervorragend vertreten zu können«. Jedenfalls wurde die Sache »Einfluss von Frequenzen im Techné« (noch nicht in der Technik) erkannt und vorangetrieben. Für den geschulten Betrachter ein Evolutions-Zyklus aus Materie in Spirit — Geist — und umgekehrt aus Spirit in Materie — in einen plasmatischen Energiekörper (Meta-Materialien) — umzuwandeln, eine solche Vorstellung (umwandeln des Lichtes in den Regenbogenkörper) [12] sprengte die Vorstellungskraft.

Hätte der Mensch Augen, die auf Mikrowellen und nicht auf sichtbares Licht reagieren würden, würde er beim Anblick eines getarnten Objektes dieses nicht sehen können – jedenfalls lediglich die Frequenzen von dem Objekt dahinter würden das Auge erreichen: Als Beispiel bemühe ich gerne Aro Lingma aus Tibet, eine Visionärin (*gTértön)*, was so viel heißt, wie Entdeckerin von spirituellen Schätzen, in Form von Umlenken der Frequenzen (Die junge Frau war nach

---

[10] Der Blaue Faschismus schützt den emanzipatorischen Kern der Orgonomie (reichianische Körpertherapie) vor Zersetzung und Missbrauch durch ultra-reaktionäre Doktrinen. Die wahrscheinlich absurdeste Paarung ist Orgonometrie und Buddhismus, obwohl es zu dieser Annäherung kam: Heinrich Himmler u.a. fühlten sich angeblich zur Bhagavad-Gita (und vor allem den Kshatriya-Kämpfer) hingezogen.
[11] Rosenberg, Alfred, Der Mythos des 20. Jahrhunderts. München 1940.
[12] Kemp, Regenbogenkörper 2006, 236.

tibetischer Auffassung im heiratsfähigem Alter von sechzehn Jahren):[13] Nachdem sie die letzten Ratschläge und Anweisungen ihrer Eltern erhalten hatte, nähten sich diese in ein weißes Zelt ein. Und Aro Lingma zog sich einundzwanzig Schritte weit zurück. Dann begann die junge Frau mit einer telepathischen Meditation. Sieben Tage später öffnete Aro Lingma das Zelt. Alles, was als »plasmatischer Körper« der Eltern zurückgeblieben, waren Kleider, Haare, Fingernägel und Nasen-Septum:[14] Beide Eltern hatten den Plasmakörper angenommen und waren (scheinbar) unsichtbar.

Nach Meinung von Asiaten befindet sich das Plasma in Gestalt der Seele (Äther) um den menschlichen Körper und um Gegenstände. Plasma hält die materielle Form zusammen. Ebenso umgibt und durchdringt es den Planeten als ein Plasma-Feld (mit Meta- Atomen) denn der planetare Raum ist dieser Vorstellung nach eine Plasmazelle. Diese vielfältigen Erscheinungen im Hyperfeld des Plasmas gehören einem energetischen Myzel-Geflecht an, einer dichten Molekülgruppe als kleinster Baustein organischer Strukturen, durch das jedes mit jedem zwillinghaft verwandt und wesensgleich ist, gar genetisch identisch.

Grundlegende Vorstellung des Plasmas ist, Materialien zu verwenden, deren Oberfläche kleiner ist als die Frequenzen

---

[13] Wir Alten denken bei jungen Frauen vielfach an Romanzen – u empfinden möglicherweise ein doppeltes Unbehagen. Nach unserem Gesetz ist eine solche Liebe zw. Älteren Männern zwar auch nicht strafbar (wenn keine Abhängigkeit vorhanden). Aber es fällt bei großem Altersunterschied schwer, an eine ebenbürtige Beziehung zw. Geschlechter zu glauben, an die Freiheit der Wahl von beiden Seiten, daran, dass auch nicht im geringsten Zwang, Vorteilsnahme o Missbrauch im Spiel sind. Denn gleichzeitig gilt u löst ebenfalls Unbehagen aus: Kaum eine Bez. ist ebenbürtig, u die Liebe ist auch im Alter noch eine unreife Angelegenheit. Anderenseits ist ein Mädchen kein Kind mehr, warum soll sie nicht einen alten Mann glücklich machen und sei es für ein paar Jahre? Liebe ist voller (unmoralischer) Komponenten, es ist Crazy/Madness.
[14] Kemp, Nasen-Septum, 2009, 293.

des Lichtes. Solche Meta-Strukturen (oder Halbleiter in der Nano-Photonik werden Meta-Atome gemessen, mit denen Laser erzeugt und verstärkt werden) sind keine metaphysischen Spinnereien von Esoteriker, sondern symmetrisch angeordnete Metall-Inseln über nichtleitende Untergründe, die eine Umlenkung von Frequenzen an Oberflächen ermöglichen.[15] Mittels Focus Ionbeam (FIB) wird im Nano-Maßstab gebohrt, gefräst und es können dreidimensionale Objekte aufgebaut werden. Mit TEMs (Titan 80-300) das speziell für die Elektronenholographie ausgelegt ist, können Arbeitsschritte dokumentiert werden.

Angeregt durch die La-Jus-Auswertung[16] entstanden daraus Techné-Vorstellungen, Umlenkung von Frequenzen um Objekte, als Vorläufer der »Tarnkappentechnik«. Die Deutsche Marine unternahm 1942 Versuche, die Türme von aufgetauchten U-Booten gegen Radar-Ortung zu tarnen; im gleichen Zeitraum verwendeten die Gebrüder Horten Kohlenstaub zur Absorption von Radarwellen in Sandwichbauweise der Nurflügler-Technik. Heute lenken Ingenieure »elektromagnetische Wellen«[17] um verhüllte Objekte herum, und machen es so weigehend unsichtbar, z.B. militärische Drohnen oder Flugzeuge, die auf Grund ihrer geometrischen Form und Oberflächen-Beschaffenheit für das gegnerische Radar nur auf kurze Distanz zu erfassen ist (30%),

---

[15] Transmissions-Elektronenmikroskop (TEM), Rasterelektronenmikroskop (REM), Kemp, 1986;
[16] Kemp, Auf den Weg nach Europa, 2009: 196ff.
[17] Elektromagnetische Welle (Frequenz) ist eine Frequenz aus gekoppelten elektrischen u magnetischen Feldern. Dazu gehören z. B. Radiowellen, Mikrowellen, Licht, Röntgenstrahlung u Gammastrahlung. Wechselwirkungen elektromagnetischer Wellen mit Materie hängen von ihrer Frequenz ab, die über viele Größenordnungen variieren. Entsprechend unterscheiden sich die Quellen, Ausbreitungseigenschaften und Wirkungen der Strahlung in den verschiedenen Bereichen des elektromagnetischen Spektrums. Anders als zum Beispiel Schallwellen, benötigen elektromagnetische Wellen kein Medium, um sich auszubreiten. Sie pflanzen sich im Vakuum unabhängig von ihrer Frequenz mit Lichtgeschwindigkeit fort.

aufgrund der oben angegebenen gering abstrahlender Wellen.[18] Das ist auch möglich, wenn wir an die Zaubergürtel in Grimms Märchen denken oder was Harry Potter mit seinem Tarn-Umhang anstellte.

In »germanischen« Ländern Belgien, Dänemark, Niederlande, Norwegen, aber auch in slawischen Ländern wurden im Rahmen eines »Germanischen« Wissenschafts-Einsatz »Freiwillige« angeworben und Techné-Gedanken aus Asien aufgegriffen. Es wurde das Institut »Wehrwissenschaftliche Forschung« gegründet, verdrahtet und »gesettelt«. Das Amt Ohnesorge in Klein-Machnow bei Potsdam, verfügte über den Einsatz indogermanischer Bastarnen und Skiren im Südosten Europas,[19] über die Phase des Gotenreiches in Südrußland sowie Jakutien. Das Institut arbeitete auf dem Gebiet der Bewusstseinszustände und Bewusstseinskontrolle [20] durch Persönlichkeitsspaltung als effektivste Form (Gehirnwäsche) der Kommunikations-Verbindungen.

Inzwischen sind auf unserem Planeten Erde terrestrische Mobilfunknetze mit ihren Frequenzen ubiquitär (2010 umfasste das Gesprächsvolumen allein in Deutschland 90

---

[18] Der Drohn, die Drohne ist eine männl. Honigbiene, Hummel, Wespe od Hornisse. Es sind staatenbildende Arten aus der Ordnung der Hautflügler u haben drei unterschiedliche Wesen (Morphen): Königin, Arbeiterin u Drohn. Die männl. Drohnen begatten junge Königinnen. Drohnen entstehen aus unbefruchteten Eiern. Die Königin kann bei der Eiablage kontrollieren, ob ein Ei befruchtet wird od nicht. Wir sprechen von haploiden Eiern (zuerst nur ein Chromosomensatz) u Parthenogenese (einer Jungfernzeugung). Ein unbemanntes Luftfahrzeug wird Drohne genannt. Es ist ein Fluggerät, das zur Überwachung, Erkundung, Aufklärung, als Zieldarstellungsdrohne u mit Waffen bestückt in Kampfeinsätzen verw. werden kann (Global Hawk, Stealth-UCAV von Boeing).
[19] Ihm, 1897, 110- 113.
[20] Bewusstseinskontrolle wird unterschiedlich verwendet: Einmal kann damit die Auseinandersetzung mit dem eigenen Bewusstsein bezeichnet werden, die mit Techniken z.B. Meditation arbeitet. Angestrebt wird dabei eine so genannte Bewusstseinserweiterung – Die andere Seite bez. auch die systematische und nachhaltige Bewusstseins - Manipulation von Individuen oder Gruppen mit dem Ziel, ihre Wahrnehmungen, Überzeugungen und Persönlichkeit zu verändern.

Milliarden min/Jahr).[21] Radiowellen, Handy-Frequenzen, Wechselsprechgeräte GPS, INDECT (Intelligentes Informationssystem zur Unterstützung der Überwachung, Suche und Erfassung für die Sicherheit von Bürgern in städtischer Umgebung) werden beim Aufspüren von Kontobewegungen mittels »Mastercard« eingesetzt, den Ordnungsbehörden und der Polizei liefert es nahezu ein perfektes Bewegungsprofil eines Normalbürgers.[22]

Ist das nun ein Traum der Polizei-Ordnungsbehörden oder Alptraum für den Bürger? Für die Jungen löst das jedenfalls kein Alptraum aus, nicht bei denen, mit denen ich sprach. Was soll der Quatsch antworteten sie mir. Was hat das mit mir (uns) zu tun? Ein paar gewiefte antworten gar, ob das Überwachungssystem klappt, ist dahin gestellt wie BlackBerry-Dienste bei den Unruhen in London (Anfang August 2011) aufzeigen. Außerdem ist anzumerken, dass solche Überwachung nur dann klappt, wenn »die Daten« separiert und ausgewertet werden können – wie ehemals beim Tavistock-Institut London (TIMP)[23] – derzeit wurde für das

---

[21] Abgerufen, Wikipedia am 6.08.2011.
[22] EurActiv.de-Interview mit Stavros Lambrinidis: INDECT bedeutet. Big Brother, 17. Febr. 2011.
[23] TIMP wurde 1920 durch den Psychiater Hugh Crichton-Miller gegr. TIMP lieferte einen bemerkenswerten Beitrag beim Verstehen der traumatischen Effekte von Kriegs-Neurosen (auch »Schützengrabenschock«), u wie sie durch Psychotherapie behandelt werden könnten: Reden, Zuhören u Verstehen. Zuvor wurden Soldaten, die an diesen Symptomen litten, als Feiglinge angesehen u bestraft (sogar erschossen). Während des 2. Weltkrieg dienten viele der Spez. in den Streitkräften, wobei einige, insbesondere die Psychoanalytiker Wilfred Bion und S. H. Foulkes (beide frühe Vorkämpfer der Gruppenanalyse), radikal neue Methoden zur Auswahl von Offizieren vorstellten, indem sie eine so genannte führerlose Gruppe als eine Möglichkeit beobachteten, in welcher Männer Verantwortung für andere übernehmen könnten, und zwar eher abhängig von ihrer Vortätigkeit, als nur »einfach« Befehle geben. Solche Kriegszeiten-Experimente beeinflussen die Klinikarbeit im Verstehen der frühen Trennung der Kinder von den Eltern, wie geschehen bei der Verschickung von Kindern während der Kriegszeit, und in der Verarbeitung von Traumata. Heute bietet die TIMP - Traumaforschung ein Trainingsseminar zum Verstehen von Traumata an und wurde deswegen auch schon bei nationalen und internationalen

»technische und soziale Subsystem« des TIMP kein Personal eingestellt. Oder schwingt da so etwas mit, wie Datenfülle der »untergegangenen DDR«, die kein Mensch mehr auswerten konnte? [24] Junge Frauen einer 12. Klasse empfinden das Scenario »als keine« Überwachung. Und eine mögliche gesundheitliche Beeinflussung durch Mobilfunk/Mikrowellen wurde von ihnen schlichtweg in Frage gestellt?

Und scheinbar wissen die Jungen Bescheid, dass seit Jahren bei der IARC (International Agency for Research on Cancer) [25]/[26] darüber gestritten wird, ob infolge elektromagnetischer Wellen (Frequenz-Strahlung) wie sie vom Mobilfunk (Handys) und dergleichen ausgehen: Krebsindikatoren und Krebspromotoren sowie eine neurologische Beeinträchtigungen beim Menschen ausgelöst werden können, das mit den polaren Wassermolekülen zusammen hängt, das in der Zelle mit eingebunden ist. Es ist bekannt, sowohl

---

Katastrophenfällen zur Hilfe in Anspruch genommen. Ronald D. Laing ist einer der prominenten Psychiater des TIMP. Laing, der ebenfalls in der Britischen Armee (British Army Psychiatric Unit) gedient hatte, wurde sehr bekannt, ist aber auch höchst umstritten wegen seiner Experimente mit LSD und seines Standpunktes bezüglich der Schizophrenie. (Schizophrenie sei eine Möglichkeit die Welt zu erleben, nicht eine Krankheit. Mit industriesoziologischen Untersuchungen über die Arbeitsorganisation in britischen Kohlebergwerken und indischen Textilfabriken trug TIMP zur Entwicklung der Organisationssoziologie bei. Die Forscher benutzten als theoretisches Bezugssystem den sog. sozio-technischen Ansatz, der besagt, dass es bei der Strukturierung von Arbeitsorganisationen eine »organizational choice« gäbe, bei der technische und soziale Anforderungen in verschiedener Weise kombiniert werden können. Eine Optimierung im Gesamtsystem gelinge nur bei Suboptimierung in den beiden Teilsystemen (technisches und soziales Subsystem); Sydow, Jörg, Der soziotechn. Ansatz der Arbeits- u Organisations-Gestaltung. Campus 1985. Das TIMP hatte eine tiefgreifende Bedeutung bezüglich auf die moralische, geistige, kulturelle, politischen und wirtschaftliche Politik von USA/Großbritanniens. Keine Institution hat mehr dafür getan, die USA mittels Propaganda in den Zweiten Weltkrieg hinein zu manövrieren.

[24] INDECT kann an sich selbst scheitern.
[25] IARC-Monographie Nr. 102, 2010 und im britischen Medizinjournal »The Lancet Oncology«.
[26] Eurobarometer-Studie , Report 347 – Zusammenfassung der Ergebnisse u Stellungnahme des BfS, 2011.

molekular gebundenes Wasser in der Zelle, als auch Melatonin ist empfänglich für »elektromagnetische Wellen«,[27] es verändert sich. Gesundheitlich negative Wirkungen elektromagnetischer Strahlung im Mega- bis Gigahertz-Bereich bei »hoher« Energiedichte sind belegt. Demgegenüber werden Wirkungen niedriger Frequenzen und geringer Energiedichte, wie sie in der Natur und im Mobil- und Datenfunk benutzt werden, kontrovers diskutiert und da dort lang andauernde Messwerte fehlen, etwas von entstandenen Gefahren behauptet, die Auswirkungen im »kapillaren Systemen«[28] sowohl in der Natur wie in der Blut-Hirn-Schranke,[29] haben schließlich unterschiedliche Wirkung.

Besonders Heranwachsende deren Zellen sich im Aufbau befinden, reagieren auf die Strahlenabsorption. Wie gefährlich diese Reaktion ist, kann allerdings lediglich für hohe Dosen belegt werden. Von WHO-Fachleute werden niedrige Frequenzen über die SAR-Werte als »möglicherweise krebserregend« (»possible carcinogenic«)[30] bezeichnet (Mai 2011), da es »nur« wenige Hinweise auf erhöhtes Auftreten von Hirntumore gibt (z.B. beim zeitintensiven Telefonieren, SAR = 0,6 W/Kg).[31]

---

[27] Fosar/Bludorf, Im Netz der Frequenzen. Elektromagnetische Strahlung, Gesundheit/Umwelt. AGOR, 2003
[28] Kemp, ähnelt dem Wasser-und Dampftransport in kapillar-porösen Medien, 1986, 13.
[29] I. Ruppe: Aufbau und Funktion der »Blut-Hirn-Schranke«. In: Newsletter 1, 2003, 15–17 .Die Blut-Hirn-Schranke schützt das Gehirn vor im Blut zirkulierenden Erregern, Toxinen u Botenstoffen. Sie ist ein hochselektiver Filter, über den die vom Gehirn benötigten Nährstoffe zugeführt u die entstandenen Stoffwechselprodukte (bzw. Metaboliten) abgeführt werden. Eine Störung oder Schädigung der Blut-Hirn-Schranke ist eine sehr ernst zu nehmende Komplikation. Der endgültige Nachw. der Blut-Hirn-Schranke erfolgte durch elektronenmikroskopische Untersuchungen. Ein Netzwerk von »kapillaren Systemen« versorgt die Gehirnzellen mit Stoffen.
[30] British Medical Journal, doi:10.1136/bmj.d6387,05.05.2011.
[31] SAR= SpezAbsorptionsRate. Beschreibt Energierate mit der elektromagnetische Felder von biologischem Gewebe aufgenommen - absorbiert- wird (Grenzwert in der

Die aktuellen Werte für Handys wurden vom BfS im Internet veröffentlicht.[32] Allerdings geben nicht nur Mobiltelefone hochfrequente Strahlung ab. Auch PC-Funkverbindungen wie WILAN und Bluetooth strahlen. Diese Verbindungen funken mit 0,1 – 1,0 W (Eine ältere Untersuchung ergab im Dezember 2007 eine Spanne bei den Handys von 0,10 W/Kg - 1,94 W/Kg).

Bei hoher Energiedichte elektromagnetischer Strahlung wird in betroffenem Schläfenlappen und limbischen System eine signifikante Erwärmung beobachtet. Im Schädel kann diese Erwärmung die Blut-Hirn-Schranke beeinflussen und macht sie »permeabler«. Solche Effekte können auch durch die Einwirkung von Wärmequellen (sehr heißes Bad, Saunagang) an peripheren Körperstellen nachgewiesen werden. Bei den im Mobilfunk angewendeten Leistungen lässt sich das Gehirn um maximal 0,1° K erwärmen (15-minütiges Mobilfunkgespräch mit maximaler Sendeleistung). Durch einen Saunagang oder körperliche Arbeit kann das Gehirn allerdings schadlos wesentlich stärker aufgeheizt werden. In wissenschaftlichen Studien der Arbeitskreise seit Beginn der 90er Jahre, insbesondere aus dem Arbeitskreis des schwedischen Neurochirurgen Leif G. Salford an der Universität Lund, wurden Ergebnisse erzielt und die Öffnungen der »Blut-Hirn-Schranke« im athermischen Bereich, nach der Exposition mit GSM-Frequenzen.[33] Später kamen in-vitro-Versuche an

---

EU = 2 W/Kg; Als besonders strahlungsarm gelten Mobiltelefone mit einem SAR-Wert von bis zu 0,6 W/Kg.). Je niedriger der SAR-Wert, desto geringer die Strahlungsabsorption. Der SAR-Wert hängt von vielen Faktoren ab, vor allem von der Entfernung zum Sender (Sendemast/Endgerät). In einer Laubhütte, Hütte deren Dach begrünt ist, benötigt das Handy weniger Energie zur Überwindung zum Sendemast, als in einem Haus mit Stahlbeton.

[32] www.bfs.de/elektro/oekolabel.html

[33] B. R. Persson u. a.: Increased permeability of the blood-brain barrier induced by magnetic and electromagnetic fields. In: Ann N Y Acad Sci649, 1992, 356–358; L. G. Salford u. a.: Nerve cell damage in mammalian brain after exposure to microwaves from GSM mobile phones. In: Environ Health Perspect 111, 2003, 881–883; H.

Zellkulturen und Stammzellen zu ähnlichen Ergebnissen. Andere Arbeitsgruppen konnten die Ergebnisse von Salford aus Schweden nicht bestätigen.[34] Auch wird ferner von anderen Arbeitskreisen in Asien und den USA die angewandte Methodik in Frage gestellt.

Einige von ihnen werden abwinken, über diesen Einstieg via »Wissenschaftlichen Sozialismus durch Persönlichkeitsspaltung und den verschiedenen Arbeitskreisen zur Manipulation durch elektromagnetischer Wellen-Strahlung« und deren Affinität zum Techné und der Wirtschaft. Hans Jonas schreibt in seinem philosophischen Hauptwerk »Das Prinzip Verantwortung«, dass der technologische Impuls in das Grundwesen des Marxismus bereits eingebaut war.[35]

Hans Jonas weist u.a. auf Lenins Kommunismus-Definition aus den Zeiten des russischen Bürgerkrieges hin. Jonas: Allen Zerstörungen zum Trotz entwickelte sich in den Trümmern des NS-Systems ein beispielloser Techné-Kult, der wohl in keiner Weise der Produktivkraftentfaltung entsprach.[36] Im Leistungsfanatismus des NS-Systems sah der Historiker Hans-Ulrich Wehler den Antrieb zum Wiederaufbau vor und nach

---

Nittby u. a.: Radiofrequency and extremely low-frequency electromagnetic field effects on the blood-brain barrier. In: Electromagn Biol Med 27, 2008, 103–126 (Review); J. L. Eberhardt u. a.: Blood-brain barrier permeability and nerve cell damage in rat brain 14 and 28 days after exposure to microwaves from GSM mobile phones. In: Electromagn Biol Med 27, 2008, 215–229; L. G. Salford u. a.: Permeability of the blood-brain barrier induced by 915 MHz electromagnetic radiation, continuous wave and modulated at 8, 16, 50, and 200 Hz. In: Microsc Res Tech 27, 1994, 535–542;

[34] A. Schirmacher u. a.: Electromagnetic fields (1.8 GHz) increase the permeability to sucrose of the blood–brain barrier in vitro. In: Bioelectromagnetics 21, 2000, 338–345; H. Franke u. a.: Electromagnetic fields (GSM 1800) do not alter blood-brain barrier permeability to sucrose in models in vitro with high barrier tightness. In: Bioelectromagnetics 26, 2005, 529–535;

[35] Hans Jonas, Das Prinzip Verantwortung. Versuch einer Ethik für die technologische Zivilisation. Frankfurt /Main 1984, 277 u. 276ff.

[36] Kemp, 2009, 223ff.

1945.[37] Die Soziologen Ralf Dahrendorf, Axel Schildt [38] sowie Jeffrey Herfs [39] wiesen darauf hin, dass die völkische Kritik an der Moderne kaum darüber hinwegtäuscht, dass ungeachtet des politischen Paradigmenwechsels das Durchrationalisieren in der NS-Gesellschaft unvermindert technisch vorankam und sich nach 1945 erst vollends entwickeln konnte.

Mind Control
Unter »Mind Control« ist also keineswegs nur »Kontrolle über Gedanken« zu verstehen: also etwa in dem Sinn, dass Kinder reife, wohlschmeckende Äpfel essen und dabei etwas über Obst erfahren. Sie begreifen über das »Wohlschmecken« und lernen über die »Steuerung ihres Willens (wohlschmeckende Apfel essen) - ihren Geist zu beeinflussen«.[40] Beeinflussen bedeutet, Auswählen, Probieren, Entscheidungen oder Handlungen steuern, so dass Gedanken/Wohlschmecken stabilisiert wird und/oder neu gebildet werden kann. Beeinflussen heißt also »Einfluss geltend machen«, das heißt: Der Wille eines betreffenden Kindes (und jungen Menschen)

---

[37] Wehler, Hans-Ulrich, Nationalismus, Geschichte – Formen – Folgen. München 2001, 122.
[38] Ralf Dahrendorf, Axel Schildt, NS-Regime, Modernisierung und Moderne. Tel Aviv, Jahrbuch der dt. Geschichte, 1994, 3-22.
[39] J. Herfs, Reaktionary Modernism. Technology, Culture & Politics in Weimar and the Third Reich. NY 1984.
[40] In »Schöne neue Welt«, dem dystopischen Roman von Aldous Huxley, der eine utopische Gesellschaft beschreibt, in der Stabilität, Frieden, Freiheit gewährleistet scheint. In einem Kindergarten, werden Babys durch Lärm und Stromschläge konditioniert, Bücher und Blumen zu fürchten, einen Schlafsaal, in dem die Kinder durch Schlaflernen moralische Vorstellungen »indoktriniert« (Mind Control) bekommen. Sie erleben einen Garten, wo Kinder angehalten werden, sich mit sexuellen Spielen zu vergnügen… dort trifft die Gruppe auf Mustapha Mond (dt.: Mustafa Mannesmann), den Weltaufsichtsrat für Westeuropa. Dieser erklärt den Studenten die Geschichte des Weltstaates und preist dessen Erfolge, wie etwa das Auslöschen von starken Gefühlen oder die sofortige Befriedigung jedes Wunsches (als Theaterstück einer 12. Kl. der Waldorfschule Berlin in der Clayallee am 28.10.2011 gesehen).

wird »beeinflusst«, indoktriniert. Fast jeder Mensch kann beeinflusst werden (Ausnahmen gibt es – sind aber vereinzelt): durch Familie (ich meine auch eine WG oder ein Ashram), durch Vorgesetzte, am Arbeitsplatz, vor allem in den Lehrjahren der Berufsausbildung, Erziehung in der Kindergruppe, Schule, Kirche, Selbstbeeinflussung durch Meditation (Yoga), Wertvorstellung einer Regierung.

Wie können wir beeinflussen? Durch Aufmerksamkeit erregen (Provokation, Überlegenheit demonstrieren, Verwirrung, das Gegenteil behaupten), Hervorheben/Beweisen von Vor-/Nachteilen oder Richtigkeit, Bedürfnisse/Wünsche wecken, Einschüchterung (Angsteinflößung).

Zu Handlungen auffordern, Körperhaltung (Gestik, gesprochenes Wort), Über-Zeugungspyramide: An erster Stelle steht für eine erfolgreiche Beeinflussung die Persönlichkeit. Eine weitere wichtige Rolle spielt die Stimme des Erziehers. An letzter Stelle spielt der Inhalt eine Rolle (wenn Persönlichkeit überzeugt und die Stimme überzeugend wirkt, ist – der Inhalt der Aussage – nebensächlich).

Das Ziel der Beeinflussung heißt, Widerstand zu beseitigen. Das wird erreicht durch Wiederholungen des Inhalts (wie in der Schule, da kann im besten Fall ein Verstärkereffekt größer werden, die Wortwahl kann den Prozess der Überzeugung beschleunigen). Bewusstsein-Manipulation ist ein Mittel für Mind Control, das in allen Kulturen auftauchen kann. Es handelt sich hierbei um Lenkung (Beeinflussen), die sowohl bewusst als auch unbewusst geschehen kann.

Meinungsbeeinflussung durch Agenda-Setting: In dieser Praxis wird davon ausgegangen, dass Medien (das ist jetzt TV als Massenmedium) durch ihre Betonung und Wiederholung bestimmter Themen die Rangordnung der Wichtigkeit beim Zuschauer/Hörer beeinflussen (Hundertausende Menschen können im selben Augenblick das gleiche erleben). Regierungen, Kollektive Massen erleben ohne Verstärkung aus dem sozialen Umfeld ein Zusammengehörigkeitsgefühl (Anteilnahme oder Unterstützung der eigenen Gruppen). »Am deutschen Wesen ...könnte die europäische Währungsunion scheitern« - dieser Widerspruch könnte größer nicht sein, wenn der Euro scheitert, »dann scheitert Europa« warnt Angela Merkel und das sicher zu Recht« (ist eine »Paradoxe Intervention«,[41] wenn wir ungute Handlungen der Merkel-Regierung ansehen, sich als »deutsche Kraftmeier in der EU aufspielen«,[42] wie Altkanzler Helmut Schmidt am 4.12.2011 auf dem SPD-Parteitag in seinem Vermächtnis[43] forderte). Was hinter dem Ganzen steht entnehme ich einem hervorragenden Artikel im Tagesspiegel von Harald Schumann zum geldpolitischen Dogmatismus der Deutschen Regierung:

»Wenn die Merkel-Regierung das Programm aus fortgesetzter Schrumpfung der Staatshaushalte sowie geldpolitischem Dogmatismus europaweit durchsetzt, wird die Währungsunion schon bald zerfallen. Die im Ton moralischer Überlegenheit vorgetragene deutsche Position zeugt in Wahrheit von ökonomischer Ignoranz und Heuchelei. Das beginnt schon mit der Litanei über den »Schlendrian« und die »Korruption« in den Schuldenstaaten. Dabei wird stets unterschlagen, dass gerade die deutsche Industrie über Jahrzehnte hemmungslos bestochen hat, insbesondere in Griechenland, wo mit Siemens, MAN, Daimler und Thyssen/HDW gleich vier deutsche Konzerne Korruptionsgeschichte schrieben. Auch hatten Deutschlands Wirtschaftsgrößen keine Skrupel, Griechenland

---

[41] Paradoxe Intervention, dies ist ein Verschreiben des Gegenteils dessen, was ein Befrager erreichen will.
[42] Antje Sirleschtov, Tsp. 5.12.2011.
[43] Stephan-Andreas Casdorff spricht bei Helmut Schmidts Rede vom »Vermächtnis«, Tsp. 5.12.2011.

für zig Milliarden Euro mit Rüstungsgütern zu beliefern, die sich das Land mit dem – in Relation zur Bevölkerung – größten Wehretat aller Nato-Staaten nie leisten konnte. Die Merkel-Regierung war sich nicht einmal zu schade, noch im Krisenjahr 2010 den Verkauf zweier zusätzlicher U-Boote an Griechenland zum Preis von fast einer Milliarde Euro zu befördern, als die Ermittlungen schon begonnen hatten.

Von gleicher analytischer Tiefenschärfe ist die fortwährend wiederholte Klage über die mangelnde »Disziplin« der »Defizitsünder«. Die vorwiegend deutschen Apologeten dieser plumpen These ignorieren, dass mit Irland und Spanien auch zwei Länder der Krisenhilfe bedürfen, die bis 2007 bei der Führung ihrer Staatshaushalte disziplinierter waren als die Deutschen und sogar Überschüsse erwirtschafteten. Ihr Verhängnis war eine stark negative Leistungsbilanz und die damit einhergehende hohe Verschuldung der privaten Unternehmen und Haushalte. Erst mit dem Platzen der Immobilienblasen schlug diese dann auf die öffentlichen Finanzen durch. Am Aufbau dieser privaten Überschuldung in den späteren Krisenstaaten haben deutsche Geldhäuser allerdings kräftig mitgewirkt – wahrlich kein Grund, nun vom hohen Ross andere Disziplin zu predigen«.[44]

Und weiter, komme ich zur Schweigespirale: Ein Kriterium ist hier die Isolationsangst, die ausgelöst wird unter dem Eindruck, mit eigener Meinung sich zu isolieren. Menschen die lieber eine ungeprüfte Meinung vertreten und eigene Meinung verschweigen. Wenn die Menschen nach diesem Muster handeln, ergibt sich ein Kreislaufmodell innerhalb dessen die Mehrheitsmeinung stets stärker betont wird und die

---

[44] Harald Schumann, Am deutschen Wesen ...könnte die europäische Währungsunion scheitern. Denn der geldpolitische Dogmatismus der Merkel-Regierung u ihr Programm zur Schrumpfung der Staatshaushalte zeugen von Ignoranz u Heuchelei. Tsp. 4.12.2011, 6.

Minderheitsmeinung verschwiegen. Im Umfeld aus dem sich »Mind Control« entwickelte (Fortsetzung unrechtmäßiger Menschenversuchen[45] und schon alleine deswegen ein Verbrechen). Da erübrigt es sich, dass Täter (meist hochrangige und anerkannte Psychiater im Auftrag diverser Geheimdienste bzw. Regierungen) weltweit ihre Berufsverbände sowie sonstigen Verbindungen dahingehend nutzten, ihre eigenen Taten zu leugnen. Das Grundprinzip ist durchaus bekannt: In bestimmten nicht-bewussten Zuständen, z.B. unter Hypnose, können solche Psychiater einem Menschen Informationen oder Befehle »einpflanzen« (absichtlich/auch unabsichtlich) an die sich der Betreffende im bewussten Zustand nicht erinnert. Wird dazu ein »trigger«,[46] Trigger Punkt (Virtueller Punkt) gesetzt, führt ein Mensch diese Anweisungen aus oder tut völlig unlogische Dinge, ohne zu wissen warum.

---

[45] Die »Organisation Alliance for Human Research Protection« setzt sich für die Menschenrechte von Menschenversuchen ein, die an Menschen durchgeführt werden, die sich kaum dagegen wehren können oder sich in einer besonderen Zwangs-bzw. Notlage befinden: Strafgefangene, Schwerkranke, psychisch Kranke, Behinderte. Menschenversuche lassen sich seit der Antike, Mittelalter und Renaissance bis in die Neuzeit und bes. in der NS-Zeit der KZ und Sowjetunion nachweisen. In der Nachkriegszeit wurden durch die US-Army (CIA) bei Kernwaffentests gezielt Soldaten und auch Zivilisten verstrahlt. Frankreich setzte bis in die 60er Jahre Wehrpflichtige und Fremdenlegionäre radioaktiver Strahlung in der algerischen Sahara und Polynesien aus. (siehe Wikipedia, Menschenversuche, abgerufen am 31.11.2011).

[46] Trigger, bez. Funktion mancher Datenbanksysteme, ein bestimmter Typ elektronischer Schaltungen, ist eine Spielhilfe bei Blechblasinstrumenten (Ventil-Triggermechanismus),einen Sinneseindruck, der Erinnerungen an alte Erfahrungen weckt, siehe Schlüsselreiz, in der Tontechnik ist er ein Auslöser einer Veränderung eines Signals, Triggerpunkt (virtuelle Realität), einen Auslöser für ein Skriptereignis. Trigger werden in der Sprachwissenschaft sprachliche Einheiten bezeichnet, die Präsuppositionen auslösen, vgl. Präsuppositions-Auslöser (auch: Präsuppositionstrigger).

In dem sogenannten Gate Keeper - Modell[47] kommt eine Aufmerksamkeit der Information nicht aus der Nachricht, sondern kann von einem »Dritten bewusst eingestreut werden«, denn dadurch wird die Glaubwürdigkeit einer Info erhöht. Nehmen wir nun an, dass Fernsehzuschauer den Moderator und »Gate Keeper« sympathisch finden und dieser politische Programme einer Partei idealisiert, gibt es »Gefahren«, die in Personen/Systemen wie »Gate Keepers« liegen (Menschen neigen dazu, auf Leute zu hören, die sie mögen)[48] Bewusstseinskontrolle in bisher beschriebener Form ist wie Sie vielleicht gemerkt haben, relativ harmlos. Das eigentliche »Mind Control« beeinflusst uns Menschen ungefragt und unkontrolliert, vor allem Kinder und junge Menschen, denn diese werden dort zu »ferngesteuerten Menschen« gemacht. Sie werden in der Weise beeinflusst dass sie gegen ihren eigenen Willen (kaufen) handeln und Dinge tun, an die sie sich hinterher nicht mehr erinnern. Ihnen wird nicht bewusst, dass sie fremdgesteuert werden.

In der TV-Welt hatte der »Manchurian Candidate« in seiner Zeit noch nicht die Werbewirksamkeit zum »perfekten Attentäter«: der vor und nach der Tat von nichts etwas weiß. Der perfekte Kurier, der während des Kuriergangs, des Kurierlaufes von nichts weiß, kann nichts verraten (siehe »Lun-gom«-Lauf in Tibet und diejenigen, die sich im nahen Osten für Gott in die Luft sprengen!). Am Ziel überbringt der

---

[47] Gatekeeper (Logistik), versorgt Verkaufs -Teams mit Infos über Anbieter eines Produktes u kontrolliert den Info-Fluss zw. Entscheidern u Beeinflussern. Gatekeeper sorgen vor allem für Entscheidungsvorbereitung. Im Marketing wird auch der Handel als Gatekeeper (Pförtner), bez., weil er das Angebot des Herstellers an Verbraucher vorselektiert. Für die Industrie ist der Handel zu einem Engpassfaktor beim Warenabsatz geworden, weil einem riesigen Produktangebot nur begrenzte Lagerkapazität zur Verfügung steht. So listet der Handel nur Hersteller, bzw. Produkte, die seinen spezifischen Interessen am ehesten entsprechen.
[48] Neuber, W., Verbreitung von Meinungen durch die Massenmedien. Leske/Budrich, Opladen, 1993,12ff.; Vgl. auch Knill, M, Beeinflussung-Manipulation-Propaganda. 2007.

Kurier oder Terrorist die Nachricht per »trigger« (unbewusst). Oder die/der (perfekte) Sex-Sklave: Im Fall von Monica Lewinski (USA) und DSK (Ereignis 2011 in den USA) können wir sehen, dass mächtige Männer gestürzt werden können. Militär- und Geheimdienstangehörige kamen zum Thema »Manchurian Candidate« auf eine Fülle weitverzweigter Gebiete menschlicher Schwächen.[49] Den NS-Tätern und anderen Geheimdienste dieser Welt bezüglich MC war es völlig egal, dass ihre Methoden das Menschenbild der Zivilisation ad Absurdum führten (wie im Grundgesetz gesagt, Art. 1 Abs. 1). Je nach Standpunkt des Betrachters wird es kompliziert dadurch, dass beide, intel und Runder Tisch (Round Table, auch Trilaterale Kommission/Geheim-Gesellschaften), sich gegenseitig unterwandert und beeinflussten.[50/51] Zu dem »privaten« Round Tabel (zu dem auch namhafte deutsche Politiker zählen) und seinen Einflüssen auf die Geschichte Europas und der Welt kann einiges gesagt werden[52] – das Spektrum ist weit, es reicht von der Organisation, die zum Ziel hat - die USA, Japan und Westeuropa – in einem Pool zu vereinen - bis hin zu alternden Hochstaplern, die sich freitags im Logenhaus gegenseitig beweihräuchern und danach beschwingt, »beschuerzt« nach

---

[49] Gresch, Hans Ulrich, Ist ihr Nachbar ein Attentäter. Wunderwelt Wissen Magazin, Heft Feb./März 2010.
[50] Der Round Tabel wurde 1973 von D. Rockefeller und Zbigniew Brezinsky gegründet.
[51] Die Rockefeller Foundation finanzierte in der Zeit von 1933 bis weit in die Zeit des 2. Weltkrieges die Abteilung für Anthropologie, menschliche Erblehre und Eugenik am Kaiser-Wilhelm-Institut in Berlin-Dahlem und unterstützte die auf Geisteskrankheiten spezialisierte Forschung, die psychiatrische Genetik. Die Aktivitäten der Rockefeller-Stiftung in Deutschland standen unter der Ägide des Psychiaters Ernst Rüdin, dem unter anderen Eugen Fischer und Otmar von Verschuer assistierten. Ernst Rüdin wurde 1932 zum Vorsitzenden des Welt-Eugenik-Verbandes Die eugenischen Aufgaben der psychischen Hygiene. Die Aufgaben der psychischen Hygiene. Am 16. Juli 1933 übernahm Ernst Rüdin den Vorsitz des Verbands für psychische Hygiene gewählt (Wenige Monate später ergriff Hitler die Macht, und Rüdin wurde zum federführenden Mediziner der NS-Rassenpolitik).
[52] Kemp, Auf den Weg nach EU, 2009, 529.

Hause fahren. Dass sich da auch elitäre konspirative Zirkel bilden, die im Geheimen an allen Gesetzen vorbei die Schaltstellen von Politik und Wirtschaft mit Günstlingen aus eigenen Reihen bestücken, ist menschlich verständlich.[53] Ihre Methoden können sowohl als auch: Opfer, Zensur, Trance, Formation und Quadrinty sein.[54]

»MC« ist keine Erfindung des Faschismus (z.B. wie heute in Süd-Afrika)[55] oder antiamerikanischer Propaganda bzw.

---

[53] Kemp, 2009, 530.

[54] Kemp, 2009, 526: Der Hoffman Quadrinity Process basiert auf dem Grundsatz, dass andauernde negative Verhaltensweisen, Gemütsstimmungen u innere Einstellungen eines Erw. ihren Ursprung in den Erfahrungen und der Konditionierung in/aus der Kindheit haben. Bis zur Bewältigung dieser ursprünglichen Schmerzen aus der Kindheit werden sie das Leben, d. h. unsere Gedanken, Emotionen u Aktionen als Erwachsener dominieren, ganz gleich ob wir uns dessen bewusst sind oder nicht. Der Hoffman Prozess heilt u transformiert diese negativen, selbstzerstörerischen Verhaltensweisen u bewirkt eine starke Neuausrichtung u Integration der fundamentalen Dimensionen unseres Seins: der »Trilateralität« (Dreiheit) und »Quadrinität«(Vierheit) von Intellekt, Emotionen, Körper u Geist.

[55] Faschistische Regimes blieben lange Jahre in afrikanischen Ländern wie Zaire, Uganda u S-Afrika an der Macht. Das Regime in S-Afrika übte eine an Nazideutschland erinnernde finstere Rassenpolitik aus. Die Schwarzen des Landes, die die Bevölkerungsmehrheit ausmachen und die einheimische Bevölkerung des Landes darstellen, wurden 44 Jahre lang von der weißen Minderheit unterdrückt, die die Macht innehatte. Die zweite Hälfte des 20. Jahrhunderts erlebte ebenso die Gräueltaten des Faschismus wie die erste Hälfte. Faschistische Systeme verwandelten die Welt wiederum in einen »Kampfplatz, auf dem die Starken siegen und die Schwachen vernichtet werden«. Aktuelles Beispiel: Die Bewohner des Townships A... in S-Afrikas Johannesburg drohen mit Aufstand, falls die dort lebenden Ausländer ihre Häuser nicht bis Sonntag (Nov. 2011) räumen. Hintergrund des Fremdenhasses ist das Vorgehen der Stadt-Behörde, die die Häuser seit Jahren eher an Flüchtlinge aus Sambia als an einheimische Bewohner des Townships vergibt, weil Migranten aus Sambia einfach eher das Geld dafür aufbringen. Leute aus Sambia gelten als überaus Überlebens-tüchtig. Die einfachen Häuser um die es bei der Vergabe geht, wurden aus Mitteln des Entwicklungsprogramms errichtet, das die ANC-Regierung verabschiedet hatte, um die sozioökonomischen Probleme nach dem Ende der Apartheid in den Griff zu bekommen. Um eines dieser Häuser zu bekommen, müssen sich die einheimischen S-Afrikaner anmelden und 3000 Rand im Voraus zahlen. Aber sie warten bereits bis zu 10 Jahren auf eine Zuteilung; sie müssen zusehen, wie immer mehr Sambianer und Andere in die neu gebauten Häuser einziehen, weil sie die Mitarbeiter der Behörde bestechen (können). Und die Einheimischen hausen weiter in ihren engen Hütten, wo es durchregnet. So schwelt ein Unmut in den Townships.... Sollte die Wut in offene Gewalt umschlagen, droht

Niedergang der US-amerikanischen Hegomonie in der internationalen Politik: siehe dazu Commission Trilatéral:[56] The Hague, Netherland, Nov. 11-13, 2011). Das wird zwar gerne von verschiedenen Autoren so dargestellt, doch dagegen stehen Aussagen von Opfer und Zeugen. Dazu kommt das photographische Gedächtnis, das den Opfern antrainiert wurde für spezielle Aufgaben – wenn die Opfer ihre Erinnerungen wieder erlangen, dann sehr präzise und in allen Einzelheiten.[57] Im Buch »Trance-Formation of Amerika«, wird uns sehr eindringlich der Werdegang eines MC-Opfer dargestellt. Selbst wenn der Wahrheitsgehalt dieser Darstellung bei nur wenigen Prozenten liegt, ist das, was unter dem Deckmantel eines Geheimdienstes passierte, mehr als nur ein Skandal.

Die Muster sind offenbar stets die gleichen. Kinder, die unter Missbrauch durch ihre Eltern oder in Heimen aufgewachsen sind, Kinder ohne soziales Umfeld (auch missbraucht, wie in den BRICKS-Staaten[58] und Deutschland 2011 bekannt geworden) werden besonderen Projekten zugeführt und dort so konditioniert, dass sie dann per »Trigger« (ein bestimmtes Wort oder bestimmter Satz) spezielle Persönlichkeiten annehmen, bestimmtes Verhalten zeigen – und zu »Maschinen-Menschen« werden. Die Täter siedele ich im Bereich »Schwarzer Pädagogik« an. Nach Überwindung gewisser Emotionen, sind solche Täter, Nachfolger des KZ-Arztes Mengele und seiner Kollegen. Hypnotische und

---

eine Eskalation wie Anfang 2011, als bei einer Serie fremdenfeindlicher Übergriffe, die ebenfalls von Johannesburg ausgingen, ... Viele Menschen getötet...

[56] Trilateralismus, Privates Projekt (Macht als Triade) zur Entwicklung einer Allianz zw. großen kapitalistischen Staaten (USA/ EU/ Japan/ S-Afrika) mit Ziel – eine stabile Form der Weltordnung aufzubauen - mit internationaler Wirtschaftsordnung (Governance without Governments). Text ist unter »Creative Commons Attribution/Share Alike« verfügbar.

[57] O'Brien, Cathy, Mark Phillips, Die Tranceformation Amerikas: Die wahre Lebensgeschichte einer CIA-Sklavin unter Mind Control. Washington 2008.

[58] Kemp, BRICKS – Brasilien, Indien, China & Brückenland Kasachstan, Südafrika – 2009.

gruppendynamische Prozesse werden kombiniert, um wirksam die Beeinflussung vor zu nehmen. Das betroffene Opfer erkennt allgemein nicht, dass etwas und was mit ihm geschieht. Anwender (Täter) und ihre Methoden werden schließlich von Sicherheitsfirmen wie »Blackwater« in Flugzeugen (hoch in den Lüften, zwischen den Kontinenten) verfeinert und durchgeführt, um kein Institut oder Geheimdienst (z.B. die CIA[59]) zu belasten. Einige Fälle passierten getarnt auch in Logen oder in Uni-Instituten (wie dem Monroe-Institut - USA/HAARP).[60]

Zwar dementieren Beschuldigte umfangreich, doch einige der Zeugen und Opfer waren so stark und schwiegen nicht länger. So haben einige Opfer die Kraft gehabt und sich an Details erinnert, an Orte, auch an Namen. Und zwar eindeutig – vgl. das Claudia Mullen-Interview von Wayne Moris![61]

Gehirnströme
Ursache der Gehirnströme, die durch elektrische Zustandsänderungen zur Verarbeitung von Infos im Gehirn beitragen, addieren sich in ihrer spezifischen und räumlichen

---

[59] Weiner, Tim, CIA, Die ganze Geschichte. S. Fischer Frankfurt/M. 2008
[60] Kemp, Auf den Weg nach Europa, 2009, 526.
[61] Forschungen ergaben, dass das Zerbrechen von Persönlichkeiten zu Multiplen am einfachsten mit Kindern geht: Wayne Morris, Interview mit Claudia Mullen von Radio CKLN, Chicago 1994 (2004):…Sie haben die Sendung »International Connections« eingeschaltet. Wir machen …mit unserer Serie über Mind Control, heute mit Claudia Mullens … Sie beschreibt wie sie unter Missbrauch aufwuchs, wie ihre Mutter sie für Experimente mit Mind Control an der Tulane-Universität New Orleans hergab. Claudia Mullen hat auch beim Präsidialen Ratsausschuss zu Strahlenexperimenten an Menschen im März 1995 zu Mind Control ausgesagt. Sie verwendet . die Ausdrücke »Multiple Personality Disorder« (MPD, *krankhafte mehrfache Persönlichkeiten*) und »Dissociative Identity Disorder« (DID, *Krankhaftes Zertrennen der Identität*) statt dem alten Begriff »Multiple Personality« (MP, Mehrfach-Persönlichkeiten).

Anordnung als Potentiale (einzelner Neuronen) auf, so dass sich über den Kopf verteilte Potentialänderungen messen lassen. Nicht nur das Gehirn, sondern auch viele andere Organe des Körpers sowie der Körper als Ganzes produziert elektromagnetische Felder, die zu denen der Erde synchron laufen, als Resultat eines langen Anpassungsprozesses des Menschen an seine Umwelt. An verschiedenen Örtlichkeiten tektonischer Gräben (Durchbruchsgraben Thak–Khola in Mustang/Nepal) sowie im Rheingraben treten geophysikalische und elektromagnetische/magnetische (Erd) Kräfte auf, [62] die im Gehirn des Menschen positive wie negative veränderte Zustände hervorrufen bzw. diese verstärken.

Die Frequenzen und Magnetfelder beeinflussen sich untereinander, werden teils absorbiert, teils reflektiert - in Abhängigkeit von den geophysikalischen Begebenheiten, aber auch von Baustoffen, Wasser, technischen Einrichtungen. In der einschlägigen Literatur wird die Wirkung von Erdstrahlen/elektromagnetischen Felder positiv hervorgehoben. Erdstrahlen können krankmachende und heilende Auswirkungen auf Menschen und Pflanzen haben.[63] Die natürliche Strahlung der Energielinien (Neutronenstrahlung) schadet bei längerer Einwirkung den menschlichen Zellen (ZNS). Nach meiner These wird sie wohl erst dann schädlich, wenn schnelle Neutronen aus dem Erdinneren beim Durchdringen einer Wasserader, Verwerfungszone oder in bestimmten Bereichen der Globalgitternetz-Strukturen abgebremst werden und als »thermische« Neutronen auf das ZNS treffen: Hier kann ein Kern (auch ein Atomkern) zerstört werden. Die dabei

---

[62] H. A. & Robert Schlaginweit, Petermann, Bd 7, 1861, 268, 275 und Filchner, 1905.
[63] John David Jackson, Klassische Elektrodynamik. De Gruyter, 2006; Claus Müller: Grundprobleme der mathema-tischen Theorie elektromagnetischer Schwingungen. Springer, 1957.

freigesetzten Protonen und Neutronen (Alpha-Strahlung) zerstören weitere Körperzellen. Der eigentlich krankmachende Prozess findet also erst im Kern des Körpers einer betroffenen Person statt. Solche Kerne werden auch mit weiteren zusätzlichen Neutronen nicht stabil: Fängt einer dieser Kerne, etwa das Uranisotops (^{235}U) oder das Plutoniumisotops (^{239}Pu), ein Neutron ein, so gewinnt es Bindungsenergie. Dadurch wandelt es sich in einen hochangeregten, instabilen Zustand des Urankerns (^{236}U) beziehungsweise Plutoniumisotops (^{240}Pu) um. Solche hochangeregten Kerne regen sich mit extrem kurzen Halbwertszeiten durch Kernspaltung ab. Anschaulich gerät der Kern durch die Neutronenabsorption wie ein angestoßener Wassertropfen in Schwingungen & zerreißt in Bruchstücke. Dabei werden bei jeder Spaltung durchschnittlich zwei bis drei weitere »schnelle Neutronen« frei.[64] Der menschliche Organismus reagiert darauf - je nach Einwirkungsdauer - mit Störungen seiner Regulationsvorgänge und in seinem Zellstoffwechsel.

Einige Menschen, manche Arten im Tier- als auch im Pflanzenreich bevorzugen elektromagnetische Reizzonen (Strahlensucher sind z.B. Katzen). Auch Bienen erzeugen bis zu 40 % mehr Honig, wenn sich ein Bienenstock auf elektromagnetischen Frequenzen befindet (allerdings mit geringer Strahlung; bei erhöhter Strahlung wird das Magnetfeld im Innern der Biene beeinflusst und sie verlieren ihren Orientierungssinn). Es gibt auch standortbedingte Erkrankungen beim Menschen, die als solche nicht ohne weiteres erkennbar, weil sie eine Vielzahl von Symptomen verursachen, die auch bei anderen Erkrankungen auftreten, wir

---

[64] Nickel Hans, Kemp Peter H., Neutroneneinfang in spaltbarem Uran-235 u pyrolytische Beschichtung als Brennelement für Hochtemperarturreaktion. Inst für Reaktorwerkstoffe, KFA –Jülich 1968, unpublished manuscript.

nennen das CFIDS-Symptome = Erschöpfungssyndrom.[65] Je nach körperlicher Veranlagung und Empfindlichkeit des Menschen treten bei einer Belastung durch elektromagnetische Frequenzen (Erdstrahlen) häufig zunächst Schlafstörungen (Schlafplatzentstörung) oder Unwohlsein auf. Diese Befindlichkeitsstörungen können über die Jahre bei andauernder Einwirkung der Störeinflüsse wiederkehrende oder chronische Krankheiten hervorbringen.

Das Wissen, dass durch Frequenzen im Gehirn Impulse über die Synapsen der Nervenzellen ausgelöst werden, gehört zu alten Erkenntnissen. Wenn solche Impulse ablaufen, werden chemische Spuren (im Gehirn) gelegt, zunächst in den einfachen Molekül-Arealen, schließlich in komplexen. Je öfter diese Spuren reaktiviert werden, um so mehr verfestigen sie sich (Spurenbildung = das Lernen) nach Berger.[66]

An einigen ausgewählten Personen[67] führte ich Messungen im tektonischen Thakhola Graben (Mustang/Nepal) am Kopf (Gehirn) mit einem EEG (Elektroenzephalogramm) durch:[68] Die elektrischen Signale der Neuronen wurden in verschiedenen Frequenzbändern aufgezeichnet. Gehirnströme im entspannten Wachzustand = Alpha-Band, < 7-10 Hz (Bewertung: eine nach innen gerichtete Aufmerksamkeit, leichte meditative Entspannung, hier entstanden kreative

---

[65] Damit wäre CFIDS keine Krankheit im eigentlichen Sinne, sondern eine körperliche Reaktion auf eine Veränderung von Umweltbedingungen. Wir wissen nicht, warum nur ein kleiner Teil der Bevölkerung elektromagnetische Frequenzen spürt, und ebenfalls ist uns unbekannt, wie lange ein Anpassungsprozess dauert.

[66] Berger, Hans, Über die Elektroenzephalographie des Menschen. In: Arch f Psychiatr. 87, 1929, 527-570; Dominik Zumsteg, Hansjörg Hungerbühler, Heinz-Gregor Wieser: Atlas of Adult Electroencephalography. Hippocampus, Bad Honnef 2004.

[67] Kemp, Reise zum hl. Berg Kailash in Tibet, National Volunteer Defensife Army, EEG-Messungen 2006, 107.

[68] Heute würden wir bei solchen Messungen Kern-Spin-Resonanz-Tomografen zusätzlich einsetzen, um die aktivierten Areale im Gehirn zu erkennen; ein solches Gerät stand mir aber nicht zur Verfügung.

Problemlösungen), im Beta-Band = 13-35 Hz (Bewertung: hellwach, nach außen gerichtete, entspannte Aufmerksamkeit), Gamma-Band = 20-40 Hz (Bewertung: Gestaltungs-Impressionen, Tätigkeiten mit hohem Info); Schlafzustand, Theta-Band I = 37 Hz, Theta-Band II = 5-8 Hz (Sitz-Meditation auch nach Tai Chi fördert den Fluss der Qi-Energie durch den Körper/erhöht die Vitalität: »das ist keine Samadhi-Entspannungstechnik, sondern Höchstmaß an Kontrolle über das eigene, von Interferenzen gesäuberte Bewusstsein«
Das Theta-Band habe ich in zwei Bereiche aufgeteilt. Der Transient mit scharfer, negativer Spitze und variabler Amplitude hebt sich deutlich von der Schumann-Frequenz ab (als Sharp-Waves mit Frequenzen 7-14 Hz, bei 70-200 ms). Gehirnwellen lassen sich im Takhola-Graben Mustangs bei 3.500 Meter Seehöhe von außen beeinflussen (Durch Neuro-Feedback, einer Spezialform des Bio-Feedbacks oder direkte Manipulation mit elektromagnetischen Frequenzen bei 0,01 Hz).[69] Gemessene Gehirnfrequenzen (REM-Phasen) wiesen darauf hin, dass sich in der Entspannung (Schlafphase) die Aktivitäten des Gehirns um einige Prozent herabgesetzt waren.[70] Solche Ergebnisse auf eine Stadt wie Berlin übertragen, heißt, dass der vorherrschende Elektrosmog als »Traumkiller« wirkt und einen erholsamen Schlaf stört. D.h. dass der Elektro-Smog beim »Lernen« und Am-sich-Erinnern »stört«. Stressschlaf[71] entsteht nicht, wie oft angenommen, durch akustische Lärmbelästigung zur Nachtzeit, sondern durch verstärkte Hirnaktivitäten und das infolge verringerter

---

[69] Kemp, 2006, 259ff.
[70] Kemp, 2006, 254; derselbe, Trance - Four Categories of Brain Wave Patterns in the human EEG during the perception of illusory visual conjunctions.1984. Die Einteilung der Frequenzbänder und EEG-Auswertungen erfolgten durch Mustererkennung und Unterstützung durch Mitarbeiter der Gruppe James H. Austin.
[71] In Berlin (wie in anderen Städten) befindet sich auf nahezu jedem höheren Haus/Türmchen eine Sendebasis-Station, »die unser Gehirn nicht zur Ruhe kommen lässt«. Zwischen den Frequenzen 30-80 Hertz liegen Integrationen von Sinnesmodalitäten zu Gestalt-Impressionen vor.

Melatoninkonzentration. Fachleute gehen davon aus, dass durch die elektromagnetischen Wellen die Melatoninausschüttung[72] der Zirbeldrüse im Gehirn vermindert wird (Melatonin ist ein Hormon, das den Schlaf-Rhythmus steuert). Bei reduzierter Hormonausschüttung wird das Immunsystem geschwächt, das zu Kopfschmerzen und Schlaflosigkeit führen kann. Lautlose Cassetten, sublime Botschaften werden im Niedrigschallbereich über Musikmedien verbreitet. Versteckte Bilder, die im Unterbewusstsein ankommen, verankert. Durch die elektromagnetische Wellenbelastung wird die Melatonin-induzierte Tiefschlafphase gestört und die Ausschüttung des Wachstumshormons Somatropin gestört. Entsprechende Störungen führen vermutlich zur vorzeitigen Somatopause[73] und Verringerung seiner Wirkung als Antioxidans.[74]/[75]

In Mustang (Tibet) werden an ausgewählten Tulkus (Mönchen) die »absichtliche Schaffung mehrerer Persönlichkeiten« durchgeführt zur Beherrschung des »Lun-

---

[72] Melatonin ist ein Metabolit des Tryptophanstoffwechsels. Wird im Darm/Netzhaut des Auges gebildet/in der Zirbeldrüse unter Einfluss von Dunkelheit freigesetzt. Die Sekretion wird durch Tageslicht und Einwirkung von Wellenstrahlen herabgesetzt, sodass es eine Koordinierung der circadian-rhythmischen Vorgänge im menschlichen Körper nicht mehr entfalten kann (Wirkung als Zeitgeber). Ebenso wird durch die elektromagnetische Wellenbelastung die Melatonin-induzierte Tiefschlafphase gestört (und Ausschüttung des Wachstumshormons Somatropin) gestört. Entsprechende Störungen führen zur vorzeitigen Somatopause und Verringerung seiner Wirkung als Antioxidans.

[73] Somatopause ist die Lebensphase, in der das Hormon Somatotropin im Vorderlappen der Hypophyse nicht mehr ausreichend gebildet wird; S. tritt parallel zur Menopause auf. In der S. erschlaffen Sehnen, Bindegewebe und Muskulatur (S.W. Lamperts et al, The endocrinology of aging. In, Science 278, 1997, 419-424).

[74] Quelle, Wolf Singer, Max-Planck-Institut für Hirnforschung, Frankfurt/Main.

[75] Singer, studierte Medizin in München/Paris, promovierte 68 an der LMU München, habilitierte sich 75 an der TU München, und ist seit 1981 Direktor am MPI für Hirnforschung in Frankfurt/Main. 2004 gründete er das Frankfurt Institute for Advanced Studies (FIAS). 2008 gründete in Kooperation mit den Gebrüdern Strüngmann und der Max-Planck-Gesellschaft das Ernst Strüngmann Institut (ESI) für kognitive Neurowissenschaften mit Sitz in Frankfurt/M. Seine Forschung ist der Aufklärung der neuronalen Grundlagen kognitiver Funktionen gewidmet.

gom Laufes« (nach vorhergehender, jahrelanger Meditationspraxis führt dieser Lauf zur zeitweiligen Levitation und Befähigung der Personen zur multiplen Persönlichkeitsveränderung, zur dissoziative Identitätsfindung/Störung. Der Lun–gom Lauf lenkt von Körperempfindungen ab und damit auch von etwaiger Müdigkeit. Der Lauf erzeugt einen dauerhaft positiven Gefühlszustand, trainiert die Fähigkeit zur Konzentration, Visualisierung, entwickelt Bewusstseinskraft, ermöglicht gleich-mäßige, harmonische Belastungen von Muskel-, Koronar-, Atem- und anderen Systemen des Organismus).

In einem still gelegten Quecksilber-Stollen (Porphyr-Gestein, Zinnobererz) hat Bad Kreuznach (Rheinland-Pfalz) einen Stollen geschaffen (ähnlich dem Heilstollen in Bad Gastein, Österreich), der zur »Radontherapie« eingesetzt wird.[76] In der Luft des Radonstollens ist in geringer Konzentration das schwach radioaktive Gas Radon enthalten. Die heilbringende Wirkung besteht bei Raum-Temperaturen mit ca. 40.000 – 160.0000 Bq/m³ Radon in der Atemluft[77], in der Stollenluft

---

[76] Vergleichbare Einrichtungen gibt es in Österreich, Russland u Südamerika.1904 hat der Bad Kreuznacher Apotheker/Arzt Karl Aschoff die radioaktive Strahlung im Radon entdeckt. Seit 1912 wird die Inhalations-therapie angewendet.

[77] 1Bq = 1 s^{-1} (Becquerel entspricht einem radioaktiven Zerfall pro Sekunde). Bei Grenzwerten wird mit dem schwedischen Mediziner und Physiker Rolf Sievert (Sv) gerechnet (eine Umrechnung von Bq in die Strahlendosis, Sievert, ist nicht möglich). Ein Sievert (Sv) ist jene Strahlendosis, die der Absorption einer Energiemenge von einem Joule je Kilogramm Körpergewicht entspricht. Das bezeichnet man als *Äquivalenzdosis* . Im Einzelfall kann es wichtiger sein, zu beziffern, wie viel Strahlung von best. Organen aufgenommen werden. Dann spricht man von der *Organdosis,* deren Einheit ebenfalls das Sievert ist. In der Praxis wird mit *Millisievert* (mSv) gerechnet, dem tausendsten Teil eines Sievert. Die maximale erlaubte Jahresdosis für beruflich strahlenexponierte Personen beträgt **20 mSv/a**, über ein Berufsleben dürfen jedoch nicht mehr als **400 mSv** zusammenkommen. Für die Bevölkerung ist es 1 mSv/a (ohne natürliche Strahlung und medizinische Maßnahmen). Ein ungeborenes Kind darf bis zu seiner Geburt keine höhere Strahlendosis als 1 mSv erhalten. Nach der Reaktorkatastrophe von Fukushima in Japan vom 11. März 2011 wurde in Japan von den Aufsichtsbehörden beschlossen, dass für die Schulkinder der Region Fukushima die Belastung mit bis zu 20 mSv/a als

wird 0,5- 2,2mSv gemessen und mit der Hormesis[78]-Wirkung in Wert gesetzt (dieser Wert liegt unter der mittleren natürlichen Strahlendosis von 2,4 mS/a mit Variationsbereich 1-10 mSv). Die Hormesis-Hypothese, beruht auf Wachstumsexperimenten an bestrahlten Pflanzen und niederen Tieren. Andere sprechen von Adaptationsphänomen (adaptive Reaktion, adaptive response) der Zelle gegen Stress. Ich bin als Chemiker vorbelastet, ob es sich bei Hormesis um einen Homöopathie-Ansatz handelt, aber jedenfalls schließen wir auch in der Chemie Wirkzusammenhänge nicht aus, auch von nicht nachweisbaren Substanzen, jenseits der Loschmidtschen Zahl.[79] Die Hormesis-Hypothese geht auf die von Paracelsus formulierte zurück, dass selbst geringe Dosen giftiger Stoffe eine »positive Wirkung« für den kranken Organismus liefert (diese Vorgehensweise behandelt Symptome mit speziellen, nach festgelegten Bestimmungen hergestellten, verdünnten Stoffen (Potenzierung bzw. Dynamisierung) in geringer Dosierung, wobei nicht das Krankheitsbild bekämpft wird, sondern die Selbstheilungskräfte des Körpers angeregt und stabilisiert werden. Je geringer die Dosis von giftigen chemischen Wirkstoffen, desto größer ist ihre heilende Wirkung, so das Prinzip. Diese Hypothese wird weiter gefasst, denn bei chemisch-medizinischen und homöopathischen

---

unbedenklich einzustufen sei. Wir rechnen in Deutschland mit 0,4 mSv/a, der direkten kosmischen Strahlung und den natürlicherweise in der Nahrung vorkommenden radioaktiven Stoffen mit je etwa 0,3 mSv/a.

[78] Hormesis-Effekte zeichnen sich durch eine nach oben oder unten geöffnete J-förmige Dosis-Wirkungs-Kurve aus.

[79] Der italienische Physiker Amedeo Avogadro erkannte bereits 1811, dass gleiche Volumina verschiedener idealer Gase die gleiche Zahl Moleküle enthalten (Avogadrosches Gesetz). Erstmals gelang es 1865 dem österreichischen Physiker und Chemiker Josef Loschmidt, die Größe von Molekülen größenordnungsmäßig zu bestimmen. Ludwig Boltzmann benannte die von Loschmidts Ergebnissen abgeleitete Zahl der Moleküle in einem Kubikzentimeter Luft Loschmidtsche *Zahl*. Die Teilchenzahl pro Volumeneinheit unter Normalbedingungen wird Loschmidt-Konstante N_L genannt. Der Begriff Loschmidt-Zahl wird jedoch fälschlicherweise v. a. in älterer deutschsprachiger Literatur auch synonym zu Avogadro-Zahl verwendet (Wikipedia, abger. am 18.11.2011).

wirksamen Substanzen (Wirksubstanzen, Botenstoffe) ist ein solcher »Dosis-abhängiger Umkehr-Effekt« gut nachweisbar (z.B. bei Digitalis)[80]. Bei einer Reihe Verbindungen und der Wirkung radioaktiver Strahlung wird die Hypothese in Fachkreisen (in der Umweltchemie) allerdings auch kontrovers in Frage gestellt. Bei längerer Einwirkung auf der oberen Haut und in den Bronchien besteht eine unmittelbare Einwirkung der @-Strahlung (Alpha) auf die oberste Zellschicht. Diese im Blut gelöst bedeutet auch, dass tiefere Gewebeteile erreicht werden – da bilden sich freie Radikale, die eine schädliche Wirkung auf das ZNS haben (Die Fachöffentlichkeit, UNSCEAR, geht durch lineare/supralineare Extrapolation der bekannten Wirkung höherer Dosen von einer stochastischen schädlichen Wirkung, wie Mutationserzeugung aus). In Bad Kreuznach wird davon gesprochen (Literatur kenne ich nicht), dass das vorkommende Radon nach der Hormesis-Hypothese auch eine schützende Wirkung vor Krebs haben soll. Folgende Radonstoff-Konzentrationen kommen in den Stollen vor:

> Radon ^{222}Rn ist das Zerfallsprodukt des Radiumisotops ^{226}Ra in der Uran-Radium-Reihe. Es ist das stabilste Radonisotop und zerfällt unter Aussendung von @-Strahlung (Alpha, Alphateilchen) mit einer Halbwertszeit von 3,823 Tagen zu Polonium ^{218}Po.
>
> Radon ^{220}Rn ist ein Zerfallsprodukt des Radium ^{224}Ra in der Thorium-Reihe. Strahlenschützer bezeichnen es als Thoron. Seine Halbwertszeit beträgt 55,6

---

[80] Chemisch sind diese Wirkstoffe dadurch charakterisiert, dass sie drei in der Natur selten vorkommende Desoxyzucker enthalten, die glykosidisch an ein Steroid-Derivat gebunden sind (oder Derivate des Gonans). Herzwirksame Glykoside sind Wirkstoffe, die in der Lage sind, auf das Herz die Schlagkraft steigernde u die Herzfrequenz senkende Wirkung zu entfalten.

Sekunden; es zerfällt ebenfalls unter Aussendung von Alphateilchen zu Polonium ^{216}Po.

Radon ^{219}Rn ist ein Zerfallsprodukt des Radium ^{223}Ra in der Uran-Actinium-Reihe und trägt auch die Bezeichnung Actinon. Seine Halbwertszeit beträgt 3,96 Sekunden; es zerfällt ebenfalls unter Aussendung von Alphateilchen zu Polonium ^{215}Po. Radiologisch ist es praktisch bedeutungslos.

Nun in Bad Kreuznach kommen zum Radon zusätzlich elektromagnetische Frequenzen aus dem Erdinnern hinzu, das sind 510-540 TerraHz (590-560 nm Wellenlänge) über 0,7 µm und der Energie <1,7 eV, die im Bereich des sichtbaren Lichtes wohl keine chemische Reaktion auslösen (außerdem sind sie bei Raumtemperatur stabil). Mit dieser Frequenz werden lediglich Wasserstoff-Brückenbindungen beeinflusst, die deutlich schwächer als die Bindungskräfte innerhalb eines Moleküls der Zelle sind und wegen der ständigen Bewegung der Atome nur Bruchteile bestehen bleiben (es handelt sich um naszierenden Wasserstoff, der hierbei entsteht, Schreibweise $H_{nasc.}$, der ein höheres Reduktionsvermögen als molekularer Wasserstoff (H_2) besitzt. Einerseits liegt er unmittelbar nach seiner Bildung atomar vor, zum anderen befindet er sich kurz nach der Bildung von H_2 noch in einem energetisch angeregten Zustand).

Übersteigt die Energie von @-Strahlung (Alpha) die Bindungsenergie eines Moleküls, wird das Photon das ZNS zerstören und es können biologische Wirkungen wie beispielsweise eine beschleunigte Alterung der Haut oder Hautkrebs auftreten. Die Bindungsenergien stabiler Haut-Moleküle liegen oberhalb von 3 eV/Bindung. Es kommt zu Moleküländerungen, wenn Photonen mindestens diese Energie besitzen, das dem violettem Licht bzw. höher-frequentiere Wellen-Strahlung entspricht.

Durch Aktivierung des Immunsystems werden bei Erkrankungen wie Morbus Bechterew, chronische Polyarthritis mit geringer Aktivität, degenerative Erkrankungen der Wirbelsäule (Spondylose, Spondylarthrose, Osteochondrose), degenerative Erkrankungen der Gelenke (Arthrosen), chronische Gicht, Weichteilrheumatismus, Unterfunktion der Eierstöcke, Beschwerden in den Wechseljahren, periphere arterielle Durchblutungsstörungen leichten Grades, allergische Erkrankungen der Atemwege (Heuschnupfen, Asthma) - durch die Einwirkung mit Frequenzen und Radon Heilerfolge erzielt. In trockenwarmer Luft inhalieren Patienten in zehn-zwölf Sitzungen »60 min« lang im Stollen. Die physikalische Halbwertzeit von Radon beträgt 4 Tage (3,8Tage), die biologische 20-30 Minuten. Das heißt, dass die Hälfte des Radons nach dieser Zeit vom Körper ausgeschieden wird. Eine Langzeituntersuchung hat insbesondere bei Menschen mit - Morbus Bechterew – positive Wirkung bei der Schmerztherapie nachgewiesen. Nach der Therapie können viele Patienten für längere Zeit auf Schmerzmittel mit anderen schädlichen Nebenwirkungen verzichten.[81]

Ein Zustand höherer Integration der neurophysiologischen Aktivitäts-Steuerungen mit der Schumann-Frequenz beträgt 7.83 Hz.[82] Unter solchen Einflüssen entstehen transkranielle Magnetstimulation, TMS; das bezeichnen wir als Echtzeit-Trans-Formationen mit dem EEG (Kontrollierbar ist das über akustische Bio-Feedback-Simulation). Der PC-Bildschirm allein vermag nicht solch massive Veränderungen zu bewirken, aber da wir täglich vielen elektromagnetischen

---

[81] Hendry, J.H. et al.: Human exposure to high natural background radiation: what can it teach us about radiation risks? In: J Radiol Prot. Juni 2009 29(2A), A 29-425, abgerufen am 8. Jan 2011

[82] Vgl. Kemp, 2006, 265; Feststellung, dass Gehirnmessungen dem Gedächtnis dem Bauchraum entsprechen (dem »Bauch in den Köpfen«), eine alte Weisheit der tibetanischen Medizin.

Strahlungen aus einer Vielzahl von verschieden Quellen (Handy, Stromleitungen) ausgesetzt sind, ist auch hier Vorsicht angebracht, auf die ich zu sprechen komme.

Durch Bewegung des Grundwassers oder von unterirdischen Wasserläufen kommt es zu einem Reibungs- oder Strömungsstrom, der über diesen Lokalitäten ein elektromagnetisches Feld erzeugt. Das Schichtenwasser kann zum Abbremsen von Neutronenstrahlen eingesetzt werden (siehe auch Arbeiten am Kugelhaufenreaktor).[83] Auch die Strahlen aus dem Erdinneren werden gebrochen und gebündelt. Wasser ist stärker leitfähig für Strahlungen. Bei Wasseradern, so gehen wir davon aus, wird ihre Strahlung auch unter Wohn- und Schlafbereichen nach oben abgeben.

Die von mir gemessene niedrige Resonanzfrequenz von 7,8 Hz produziert keine Wärme, greift in Zellkernen von Pflanzen ein (Austrocknung bzw. Absterben der Baumspitzen, Blattknospen).

Das ist nicht dasselbe, wie die (bisher nie dagewesene) Dichte der Strahlungsintensität (elektromagnetischer Wellen), ausgelöst durch elektromagnetische Wellen (der Basisstationen mit ihren Sendeeinrichtungen: 60.000 Basisstationen, 60 Millionen Handys, dazu kommen unendlich viele schnurlose DECT-Telefone) die Schwingungen in den Luft-Wasser(H_2O)-Molekülen erzeugen (1nm, 1 Millionstel mm) bis 100m), denn ihre Basis (Stationen) senden unabhängig von der Verbindungsqualität stets mit der Leistung von 0,25 W. Je schneller Luftmoleküle in Schwingung geraten, umso wärmer wird da die Atmosphäre. Da die

---

[83] Nickel H, Kemp Peter H., Neutroneneinfang in spaltbarem Uran-235 u pyrolytische Beschichtung als Brennelement für Hochtemperarturreaktion. Inst für Reaktorwerkstoffwerkstoffe, KFA –Jülich 1968, unpublished manuscript.

Sendeleistung andauernd existiert (auch nachts), wo naturbedingt Temperaturabkühlung herrschen sollte, mit der Folge, dass bereits der morgendliche Ausgangswert höher ist, als er sonst ohne Sonneneinwirkung liegt. Diese wärmere Atmosphäre führt zu einem stärkeren Wasserzyklus, d. h. die Luft nimmt mehr Wassermoleküle auf und Niederschläge sind dement-sprechend hoch. Die veränderte Dynamik in der Thermik kann örtlich Stürme als Folge verursachen. Weiterhin steigen vermehrt Elektronen, Salze und andere Chemikalien in die Atmosphäre auf, die sich in Chlorlauge und Chlorgas umwandeln und die Ozonschicht zersetzen.

In meinen Arbeiten in Mustang (N-Nepal) stellte ich im Thakhola-Graben fest, dass Elektronen-Akkumulation Sperrschichten gegen regenbringende Winde bilden. Eine solche Trockenheit ist in der Lage mit der oberen Atmosphäre (Ionosphäre) einen Kugelkondensator zu bilden, obwohl die Eigenfrequenz dieses Speichermediums im niederfrequenten Wellenbereich angesiedelt ist. Diese Frequenzen können sich allerdings bis zu einer Intensität mit hoher Wellenfront hoch schaukeln, an denen Hoch-oder Tiefdruck-Systeme abprallen. Die Folgen sind Ausbreitung semiarider/arider Klimazonen. Durch Aussendung verschiedener »Wellenfrequenzen wird in der Atmosphäre und Ionosphäre ein breites Spektrum elektromagnetischer Frequenzen« ausgesendet.[84] Niederfrequente Wellen breiten sich hauptsächlich in der nur wenig leitfähigen Atmosphäre zwischen dem elektrisch gut leitenden Erdboden und den Elektronen der Ionosphäre aus. Wellen, die sich nach einer Erdumrundung wieder an der gleichen Phase befinden werden verstärkt, andere verschwinden.

---

[84] Klimawissenschaftler nennen das »Sferics«.

Die Wirkung der Elektrokrampf-Therapie (EKT) ist auf neurochemische Veränderungen verschiedener Neurotransmitter-Systeme zurück zuführen. Sie ist eine medizinische Methode. Seinerzeit setzte die Wehrmacht diese Technik ein, um Gegner kampfunfähig zu machen: In mit Hochfrequenz bestrahlten Leitstellen konnten feindliche Soldaten keinen klaren Gedanken mehr fassen.[85] Heute wird diese Waffe »High Power Microwave« (HPM-Waffe)[86] bezeichnet; sie unterliegt großer Geheimhaltung (Boeing).

Nach unbestätigten Angaben wurde das Frontalhirn bei ausgewählten Wehrmachts-Soldaten vor schweren Einsätzen mit Resonanz-Frequenzen von 105 Hz »bestrahlt«. Durch kurzzeitige Bestrahlung wurde eine bessere Beherrschung komplexer Situationen ermöglicht,[87] wobei betont wird, dass es nicht nur auf die Frequenzen ankommt, sondern auf Puls- und Modulationsfrequenzen, die mit gesendet wurde (welches bereits der Bild-, Bewegungs- und Tonübertragung dienten).[88] Ingenieure der Waffen-SS veränderten durch »gezielte Ansprachen« des präfrontalen Cortex[89] die »Orientierungsfelder im Gehirn« und schufen so »Persönlichkeits-Veränderungen«.[90]

---

[85] Vorreiter dieser Forschung war Nicola Tesla, 1856 – 1943.
[86] In Diskussionen erlebte ich zum wiederholten Male, dass diese gefährliche Waffe als nicht gefährlich eingestuft wird!
[87] In der Psychologie wird davon gesprochen, dass »mehrere Persönlichkeiten« geschaffen wurden. Dabei wurden Frequenzen zwischen 80-105 Hz angewendet. Sie zeichnen sich aus durch die Beherrschung »komplexen Situationen« (die Lösung von Sinnes-Objekten soll sehr gut beherrschbar sein).
[88] Anm. des Verf. : Nach heutiger Auffassung nicht möglich!
[89] Präfrontale Cortex, ein Teil des Frontallappens der Großhirnrinde (Cortex). Befindet sich an der Stirnseite des Gehirns u ist eng mit den sensorischen Assoziationsgebieten des Cortex, mit subcorticalen Modulen des limbischen Systems und mit den Basalganglien verbunden (Wikipedia, abgerufen 20.11.2011).
[90] Wird durch Hirnforscher wie Prof. Wolf Singer, MPI Frankfurt/Main (2010) bestätigt.

Aus Extremsituationen ist bekannt, dass im Stirnlappen-Bereich Monoamine im hinteren Gehirnbereich freigesetzt werden, die zur Schaffung »harter« Persönlichkeiten führen. Mittels (Droh)Botschaften wurde gezielt auf übergroße Härte hingearbeitet (z.B. Tötung von Zivilpersonen (Kindern), Partisanen, Desserteure u.a.), routiniert Führungsanwärter wurden in fatale Knechtschaft übergeführt.[91]

Alliierte Militärs trauten den NS-Militärs in Mind Control jedenfalls mehr zu oder wollten eigene Ergebnisse kaschieren. Internationale Meinungen besagen daher, dass »alles Schmutzige, das durch Forschung in den KZ durchgeführt und erreicht wurde«, dem NS-System ohne weiteres zugetraut wurde. Aber der NS-Staat war zwar ein Meister der Propaganda, jedoch wurden Mind-Control und Brainwashing (Gehirnwäsche) von US-Militär nach dem Zweiten Weltkrieg erst zu dem Szenarium ausgebaut und angewendet; genauso in der UdSSR, siehe dazu meine Ausführungen zu den Geheimdiensten, dem HAARP-Projekt am Monroe-Institut.[92]

Im Folgenden bringe ich eine Übersicht, welcher Strahlung wir ausgesetzt sind: UV-Strahlen (krebserregende UV-B und UV-C-Strahlen kommen beim Arbeiten am PC nicht vor, die vorhandene UV-A-Strahlung ist dort minimal). Röntgenstrahlen (liegen weit unter den zulässigen Werten) und Elektromagnetische Strahlung ist ebenfalls gering. Wichtig ist, dass unsere Monitore die TCO-Strahlungsnormen erfüllen. Wenn wir viel am PC arbeiten, sind Flachbildschirme sehr zu

---

[91] Kemp, Auf den Weg nach Europa, 2009, 155.
[92] Nach 1945 wurden mehr als 1000 Ärzte aus Deutschland, die in KL für die SS tätig waren, ohne Genehmigung des US-State Department in der »Absichtlichen Schaffung mehrere Persönlichkeiten« eingesetzt. Der Manchurian Kandidat ist der Beweis. Eine Gruppe amerikanischer Kriegsgefangener im Korea-Krieg wurde der Gehirnwäsche während der Überfahrt in die USA, so programmiert, dass aus ihnen »Super-Spione« wurden (Hunt, The United States Government, Nazi Scientists, and Project Paperclip, 1945 to 1991).

empfehlen, da diese keine Strahlung abgeben. Trotzdem ist aber Vorsicht geboten! In trockenen Räumen lädt sich Raumluft durch elektrische und magnetische Strahlung statisch auf, so dass sich die Monitoroberfläche bzw. der Flachbildschirm auflädt und negativ geladener Partikel(Staub) anzieht (Dies kann Allergien hervorrufen und lässt sich durch häufiges Lüften mildern (Luftfeuchtigkeit sollte zwischen 50 und 60% liegen).

Im Gegensatz zum Handy, bei dem es zu einer kurzzeitigen, wenn auch strahlungsintensiven Belastung kommt, liegt das eigentliche Gefahrenpotential bei den Sendestationen in der permanenten Aussendung elektromagnetischer Wechselfelder (besonders in regenerativen Zonen/Wohngebieten). Diese Frequenzen/Strahlen breiten sich um die Quellen im Raum aus. Bei niedrigen Frequenzen bleibt das Feld in der Nähe der Quelle (z. B. Stromkabel, 50 Hz für die Stromversorgung). Bei hohen Frequenzen, 30 KHz und eine Wellenlänge von 10.000 Meter, entwickeln sich starke elektromagnetische Felder. Bei höheren Frequenzen (mit der Wellenlänge < 10 nm, hf = 12 eV) reicht die Energie aus, um Wasser zu ionisieren bzw. zu erwärmen (Röntgen, Gamma, kosmische Höhenstrahlung bei Überlandflügen). Die Erwärmung des Wassers (in der Biomasse) durch Mikrowellen geschieht aufgrund des vorhandenen Dipolcharakters der Wassermoleküle, allerdings mit dielektrischem Verlustfaktor. Zu den Gefahren, die aufgrund der Frequenz und der proportionalen Energie (Plancksches Wirkungsquant $\varepsilon = h \times \eta$) von elektromagnetischen Feldern ausgehen, sind technische Veränderungen der Wellen, wie bei Modulationsarten von Bedeutung, besonders in Bezug auf biologische Effekte und die damit verbundenen gesundheitlichen Auswirkungen (hauptsächlich bei Kinder und jungen Menschen, weiblich- wie männlichen).

Offensichtlich wurden »Psychotronik-Waffen« im ersten Irak-Krieg von US-Streitkräfte eingesetzt: tausende irakischer Soldaten kapitulierten, »ergaben sich völlig apathisch Journalisten«, die sie für US-Soldaten hielten. Militärexperten sind überzeugt, dass da völkerrechtlich etwas schief war und ein Verbrechen ablief: Trotz dem Ergeben Irakischer Soldaten mit erhobenen Armen und Schwenken weißer Tücher, wurden sie Kanonenfutter der US-amerikanischen Artillerie.[93]

1943 - 1948 baute die US-Armee Wissenschafts-Einrichtungen für die Journal-Psychiatrie und Weltvereinigung für Geistesgesundheit auf.[94] Sie konnte auf Ergebnisse des NS-Staates zurückgreifen, denn dort floss Forschungs-kraft in Einrichtungen »zur Ortung« mit aktive Reflexionsverfahren durch elektromagnetische Wellen, wobei nicht nur Flugzeuge in den Wolken und Unterwasser-Boote geortet werden konnten (das Verfahren war Ende 1944 militärisch einsatzfähig), im Verlauf des Krieges wurde die ELF-Schleifenantenne, eine unterirdische Kurzwellen-Antenne auf dem Gelände Berlin-Tempelhof eingesetzt: Die Anlage diente der Übertragung eines Signals zu abgetauchten U-Booten (da ELF-Wellen in tiefe Wasserschichten eindringen können); zur Kommunikation tauchten dann die Boote auf und sprachen mit »Teddybär«, einem Hochleistungsradar (Typ AN/FPS-117), Reichweite 400 Km; Gefahren für die Gesundheit der Wehrmachts-Soldaten in unmittelbarer Nähe, wurden in Kauf genommen: Bei den Soldaten traten das sog. CFIDS-Syndrom auf: das ist Schlaflosigkeit und Brummtöne im Kopf (SGI-Impulse, ist das Hören mit dem Gehirn).

So wurden auch Löcher in der Ionosphäre erzeugt, indem starke Frequenzen als Ionos-sphärische Heizer punktuell

---

[93] Aviation Week and Space Technology, 1993; Magazin 2000, Nr. 97, Dezember 1993.
[94] Harry Stack Sullivan, United Staates Army.

betrieben wurden.[95] Eine Aufheizung der Atmosphäre mit höherem Temperaturanstieg wurde so 1940 nachgewiesen (als Kurzwellensender hinzu kamen).[96] Extrem steile Anstiege erfolgten ab 1950, die mit unkontrollierbarer Einführung neuer Technologien (ständiger Erweiterung aktiver und neuer Sendetechniken einhergehen) von deren Kritikern als »Menschenversuche« bezeichnet werden. Es gibt wenige Quellen zu Menschenversuchen, die im Rahmen von Rüstungsforschung stattfinden und etwa die Auswirkung von Ultraschall oder elektromagnetischen Feldern auf den menschlichen Körper untersuchen. Aus dem NS-Archiv sind uns Belege über Kastration mittels Röntgenstrahlen (Euthanasie- und Rassenhygiene – Programme in den KZ) überliefert. Wir wissen auch von Frequenzen, die als Ionossphärischer Heizer wirken, das zur Veränderung der Wetterverhältnisse in der Erdatmosphäre, Ionosphäre und/oder Magnetosphäre,[97] atmosphärischer Diffusion eingesetzt wird.[98] Seit den 80er Jahren ist ein ganzer Gürtel von Radaranlagen in der Polar-Region von Gakona (Alaska) bis Grönland als Frühwarnsystem für die nationale Verteidigung der USA installiert worden,[99] da werden mit Radiowellen die Ionosphäre verändert, indem Physiker Frequenzen in die Schicht aus Elektronen geladenen Teilchen »ein-pumpen«, damit die Ionosphäre aufheizt, die sich an den erwärmten Stellen ausdehnt und ihre Reflexionseigenschaften verändert. Das Militär nutzt diese Eigenschaften, um beim Gegner die Funkkontakte zu stören. Das Projekt dient aber ebenso zur

---

[95] Der erste messbare Anstieg der Klimaerwärmung erfolgte übrigens bereits 1920 als »Langwellensender« in Betrieb genommen wurden.
[96] An diesem Beispiel kann aufgezeigt werden: dass Kurzwellensender = Zivilisation bedeutet = westliche Kultur, zugleich Untergang (Claude Lévi-Strauss).
[97] Wettermanipulation, Aufbau und Abbau von Nebelbänken, Einsatz von Raketen u Giftgas auf See – NS-Versuchsstation für Giftgasforschung in Raubkammer bei München.
[98] Aufgabenbereich der Aero-Thermo-Dynamik in der Meteorologie.
[99] HAARP, High Frequenz Aktive Aurora Research Programm.

Kommunikation; die von dem Antennenwald ausgesendeten Radiowellen heizen nicht nur auf, sondern werden an der Ionosphäre reflektiert, wandern als extrem lange Radiowellen rund um den Planeten. Außerhalb der USA und Kanadas gab es weltweit lediglich die »Berliner Anlage dieses Typs«.

Die forensische Anthropologie dient mit den Mitteln der Anthropologie bei der Aufklärung von Verbrechen. Z.B. Verwandlung von Persönlichkeiten durch veränderte Bewusstseins-Zustände,[100] wurde als Fortschritte in den kognitiven Neurowissenschaften ausgelegt, wie W. Singer am MPI Frankfurt hervorhob. Singers Forschung beförderte Erkenntnisse zutage, die weit über die Zeit hinausgehen. Nach Singers neurobiologischen Erkenntnisse über die Organisation der Hirnfunktionen gaben zwar keinen Hinweis auf die Existenz einer solchen Kontrollinstanz, sondern lassen vermuten, dass die Verarbeitungsprozesse im Gehirn in hohem Maße distributiv[101] und parallel erfolgen. Es ist heute quasi ein neurobiologisches Dogma, dass selbst hohe kognitive Erfahrungen und Leistungen auf »neuronalen Prozessen« beruhen – die nach außen sichtbar werden. Unsere Wahrnehmungen beruhen auf Interpretation, die sich ihrerseits

---

[100] Heute vorstellbar, wenn man die außerordentlich hohen Gedächtnis-Leistungen des an ALS (amyotrophe Lateralsklerose) erkrankten Briten Stephen Hawkins bedenkt (amyotrophe Lateral-Sklerose ist das Ergebnis einer progressiven Degenereszenz der Motoneuronen – motorische Neuronen, die zu Muskelatrophie führt.
[101] Distributiv bez. in der Sprache einen Numerus, der die Verteilung der besprochenen Gegenstände ausdrückt. Er stellt wie Kardinalzahlen und Kollektivzahlen eine Reihe der Zahlworte dar. In der deutschen Sprache wird das Wort umschrieben, z.B. »vier Asse oder Könige bilden ein Quartett«. Dazu gibt es auch die Wörter ‚einzeln' und ‚einzig', als Exklusiv. Die -el-Bildung gibt es sonst nur bei dem Wort »Zwiesel« (zu zwei). Der Distributiv tritt insbesondere in den Turksprachen auf: So z. B. im Uigurischen der Turfan-Texte: tört öd içinde yana ikirer öd adrılur (»innerhalb der vier Jahreszeiten werden jeweils zwei (Neben-)Jahreszeiten unterschieden«); oder im modernen Türkei-Türkischen: Ikişer yataklı iki oda istiyoruz (»Wir möchten zwei Zimmer mit je zwei Betten«). Außerdem existieren Distributivsuffixe im Klassischen Mongolisch (-ġad/-ged) und im Westtocharischen (Tocharisch B): -waiwenta (Wikipedia, abger. 7.12.2011)

auf profunde Erfahrungen stützen. Alles Wissen, über das ein Gehirn verfügt und die Programme, nach denen dieses Wissen angewandt werden, sind in einer »funktionellen Architektur« (Singer) im Gehirn gespeichert. Bestimmend für die Auslegung dieser »funktionellen Architektur« sind Evolution, erfahrungsabhängige Prägungsprozesse während der Hirn-Entwicklung und schließlich die Lernprozesse, die unser Leben begleiten (somit wird Evolution als kognitiver Prozess verstanden). Durch evolutionäre Anpassung an die chemische (biochemische), »mesoskopische Umgebung«,[102] in der sich unser Leben entwickelte, bildeten sich Hirnstrukturen heraus, in denen Wissen über die Bedingungen in unserem Kopf (Hirn) gespeichert wurde. Wissen und Erfahrung werden über Gene an die Nachfolger sichtbar weitergegeben (auf den Fotos erkennbar).

Es ist das Zusammenspiel biologischer/chemischer Pfade mit dem Geisteswissenschaftlichen, das zur Forensischen Anthropologie führte, eine der (drei gerichtlichen) Wissenschaften vom Menschen, neben Rechtsmedizin und der forensischen Odontologie. Dort wird eine »Identifizierung nach Fotographien« vorgenommen. Das betreffen Ordnungswidrigkeiten im Verkehr, Schnellfahrer und »Rotmissachter«, auch Banküberfälle und umweltchemische Vorgänge. Identifizierung von Skeletten (Schädel) und teilskelettierte Leichen, auch in Massengräbern. Abstammungsgutachten/ Zwillingsdiagnose.

---

[102] Eine Sichtweise von Chemiker in Aachen/Jülich, die sich mit der Entwicklung von harten u weichen Materialien unter Berücksichtigung von Oberflächen- u Grenzflächenphänomenen befassen: es handelt sich um »Neue Materialien für die Energietechnik«, »Mesoskopische Systeme, sind angesiedelt zwischen Festkörper & Molekülen« sowie »Funktionalisierung von Nanopartikeln & Oberflächen«.

Auf ein Weiteres
Bei akuten Formen durch Umwelt-Belastungen sind die Ursachen meist unklar und können nicht in einen kausalen Zusammenhang mit pathogenen Faktoren gebracht werden. Diskutiert werden nachfolgend potentiell auslösende Chemikalien, zum Beispiel Benzol und andere polyzyklische Chemikalien, vorangegangene Behandlung mit Zytostatika aufgrund einer anderen Erkrankung (beispielsweise eines soliden Tumors), ionisierende Strahlung, auch kernisotope Wirkung (Nähe AKW), elektromagnetische Strahlung (Nähe zu einer Strom-Überlandleitung), diverse Viren. Auch Alkylantien, die als Medikament bei der Chemotherapie zur Behandlung von Gehirntumoren eingesetzt werden, kommen in Betracht. Sie können Alkylgruppen in die DNA mit Erbinformationen einbauen und damit umschreiben. Danach teilt sich die betroffene Zelle meist nicht mehr. Das Kampfgas Schwefel-Lost (Senfgas) z.B. besitzt antiproliferative (Wachstumshemmende) Wirkung. Nach den beiden Weltkriegen wurde auch der weniger giftige Stickstoff-Lost (= Mechlorethamin) entwickelt und seit 1942 setzten Ärzte es als Zytostatikum ein. Bis heute ist dieser Stickstoff-Lost nach in zahlreichen Behandlungsschemata eingebaut.

Da die Alkylantien mit zwei oder mehr funktionellen Gruppen versehen sind, können sie zwei DNA-Stränge vernetzen und dadurch verhindern, dass diese während der Zellteilung verdoppelt werden. Sie können aber auch die DNA-Stränge aufbrechen und dadurch ebenfalls diese in der Funktion unbrauchbar machen. Die medikamentöse Wirkung beruht auf einer Hemmung der DNA-Replikation. Alkylantien sind mutagen und zugleich karzinogen. Sie werden bei Lymphomen, Leukämie, Brust- und Lungenkrebs sowie bei Sarkomen eingesetzt. Besondere Wirkung haben sie auch gegen Hirntumore. Wissenschaftler fanden keinen »eindeutigen« Zusammenhang mit elektromagnetischen

Frequenzen bei der Entstehung von Hirntumoren, obwohl in vier von fünf Haushalten mit einem Handy telefoniert wird (so das Statistische Bundesamt, und meistens ist ein zweites Mobiltelefon vorhanden. Immer mehr Bewohner verzichten auf Festnetzanschlusse und nutzen nur noch das Handy).[103]

Politiker scheinen eine gänzlich andere Sorte Menschen zu sein, laut Meinung vieler von denen, wird es bald, spätestens 2011-12 mit der Überwachung und Telefonitis wieder aufwärts gehen. Bis jetzt spiegeln sich in Zahlen und Fakten das Gegenteil, nämlich ein immer schneller werdender »Spin«-Drehmoment (durch die Beschleunigung; es wird sehr viel geregelt, so dass kein Frequenz-Gau entsteht).[104]

Kaum eine Branche, die derzeit nicht einbricht. Menschen sind verunsichert, skeptisch, manche von Ihnen auch hoffnungsvoll und optimistisch? Interessant ist für den Verfasser (39er Jahrgang), dass niemand Katastrophenvorsorge traf (für Stromausfall, Elektromagnetischer Störfall, AKW-Störfall wie in Japan), niemand legt in Deutschland Lebensmittel- oder

---

[103] Abgeschlossen ist das Thema noch nicht, ein Risiko wird derzeit auch noch nicht zweifelsfrei ausgeschlossen (BfS).

[104] Konfliktmineralien sollen hier nur am Rande erwähnt werden (das sind Seltene Erden, Wolfram, Wolframit, Xerox), denn es geht u.a. darum, wie sie (sog. »Blutmineralien«) aus Handys, Laptops, digitalen Kameras/anderen Geräten entfernt werden können. Ironischer weise ist Kasachstan, Taschkent u Ruanda – die bei sich zu Hause bereits große Fortschritte gemacht haben, z. T. auch verantwortlich für Grausamkeiten in diesem Zusammenhang. Da jedoch insbesondere auf Ruanda wegen seines Erfolges verstärkt internationaler Druck ausgeübt wird, wird es in Zukunft vermutlich besser mit dem Kongo umgehen müssen. Mehr dazu: Scrubbing Our Cell Phones of Conflict Minerals, Nicholas D. Kristof (N Y Times). Laut Kristof gibt es beim Geschäft mit den sog. »Konfliktmineralien« mehrere Beteiligte: die Elektronikfirmen - die internationalen Minengesellschaften - die Armee. Obwohl Kristof irgendwelche Milizen erwähnt und dafür eintritt »Druck auszuüben, um einen friedlichen Abbau der Mineralien zu erreichen, an dem sie sich nicht bereichern«, unterlässt er es uns darüber zu informieren, wer sie sind, die Milizen aus den Nachbarländern: Uganda, Ruanda und Burundi! Der Kampf um die sog. »Konfliktmineralien« geht auf deren Konto und hat bis heute den Tod von annähernd 7 Millionen wehrlosen Kindern, Frauen und Männer verursacht!

Wasservorräte und dergleichen an. An Vorsorge wie im Katastrophenfall denkt keiner (in der öffentlichen Hand sind vermutlich auch keine Mittel vorhanden), denn was nicht sein darf, kann auch nicht werden. Ich fand die Trommel und Petroleumfunzel nebst ein paar Liter Kraftstoffreserve, die meine Familie sich anschaffte - um gegebenenfalls uns in unmittelbarer Umgebung bemerkbar machen zu können - nicht witzig? Und doch sind wir drauf und dran Mitspieler im größten und vor allem teuersten Frequenz-Vorsorgedrama der Geschichte zu werden – nicht die der Finanzen (obwohl es derzeit danach aussieht) sondern elektromagnetische Felder und Frequenzen nehmen derart zu, dass vor uns sich ein Steg-Reiftheater abspielt, eine globale Realsatire sozusagen. Der Verfasser[105] will hier keiner Verschwörung[106] Vorschub leisten, hat aber große Bedenken, wenn es die mächtigsten Regierungen der Welt mit ihren für uns kleinen Bürgern ungeahnten Möglichkeiten nicht schaffen, das unsichtbare Frequenz-Monster zu zähmen. Da muss verdammt viel mehr dahinter stecken und die Chuzpe schon lange entglitten sein und tiefgreifende Änderungen und eine »Change« kaum zu erwarten sein.

Ich möchte hierzu folgende Geschichte ins Feld führen. Rund um Gorleben werden »keine erhöhte radioaktive Strahlung« gemessen und trotzdem weniger Mädchen geboren als Jungens.[107] Die Aussage der unterschiedlichen

---

[105] Der Verfasser war 20 Jahre im Umweltkrisenmanagement tätig sowohl auf Landes wie Bundesebene, BMU/BMI: Beirat für Nukleare Nachsorge.
[106] Verschwörung: Vermutlich war es die Geheimpolizei Ochrana, die zur Stärkung der Machtposition Zar Nikolaus' II. die antisemitischen »Protokolle der Weisen von Zion« fälschte, auf die Hitler in »Mein Kampf« zurückgriff. Noch heute ist die Ochrana beliebtes Sujet in zahllosen Verschwörungs- und Illuminaten-Theorien.
[107] Scherb, Hagen, Das sekundäre Geschlechterverhältnis bezieht sich auf die Verteilung bei der Geburt. Helmholz Zentrum München 1991-1995 und 1996-2009: Stand: 24.02.2011 13:46 Uhr: Rund um das Zwischenlager im niedersächsischen Gorleben hat sich das Geschlechterverhältnis bei Geburten verschoben. Im Umfeld des Atomzwischenlagers in Gorleben im Landkreis Lüchow-Dannenberg werden

Aufsichtsbehörden dazu ist folgendermaßen: »die nachgewiesene Verschiebung im Geschlechterverhältnis müsse getrennt von Scherbs These diskutiert werden, dass radioaktive Einflüsse das Geschlechterverhältnis bei Geburten verändern können« (das wird generell von den Aufsichtsbehörden nicht geleugnet). Jedem Umweltingenieur ist klar, dass die nachgewiesene Verschiebung im Geschlechterverhältnis nicht allein auf die Castortransporte und das Zwischenlager geschoben werden kann. Trotzdem gibt es Zusammenhänge, auch wenn es über ein Nebengleis läuft: z.B. Hysterie in der Umgebung von Castortransporten und Gorleben erzeugt Stress, und dieser verändert oder verhindert hormonell weibliches Zellwachstum. Dieser Veränderung (Zerstörung von Zellen) können als unkontrollierbarer »Menschenversuch« gewertet werden mit Tatbestand der vorsätzlichen Körperverletzung (§§ 223, 224 StGB) und Schuldfähigkeit im Zeitpunkt des Tatentschlusses (Verschickung der Castortransporte). Zur Erläuterung:

Der Castor-Behälter strahlt mindestens bis in 2m Entfernung 50-70 mSv/h (in die Umgebung). Messung: Robin Wood + Greenpeace und Aufsichtsbehörden (die zusätzlich Neutronenstrahlung gemessen haben); Castor in 2m Entfernung 20-70 mSv/h Messung: Offizielle Angaben; allerdings Umstritten wegen der Bewertung der Neutronenstrahlung; Castor in 2m Entfernung 25 mSv/h; 5 durch Photonenstrahlunng 20 durch Neutronen. Castor in 2 m Entfernung 60 mSv/h davon 30 durch Neutronen (Messung Prof. Kuni); Castor-Oberfläche 0,24 mSv/h = 240 mSv/h (andere Quelle 1,8 mSv/h).

---

deutlich weniger Mädchen geboren als früher: Seit Inbetriebnahme des Lagers 1996 kamen nach einer Untersuchung von Wissenschaftlern des Helmholtz-Zentrums München »signifikant« weniger weibliche Kinder zur Welt.

Zu der abgegebenen Strahlung kommen noch andere Korrelationen, die ähnliche Begleiterscheinungen auslösen (wie bei Handystrahlen-Fürchter). Fazit ist, dass wir im Großen und Ganzen anscheinend so weitermachen wie bisher und Milliarden ins schwarze Loch werfen und so die »Castortransporte etc« regulieren und kontrollieren?

Schon jetzt steht fest: Dieser 13. Transport nach Gorleben dauerte mit mehr als fünf Tagen nicht nur am längsten, er wird wohl auch der teuerste. Der Konvoi kam zeitweise nur im Schritttempo voran. Trotz der hohen Sicherheitsvorkehrungen gelang es Atomkraftgegnern die Tieflader noch einmal eine Stunde aufzuhalten. Atomkraftgegner im Wendland ließen Polizei zum 2. Sieger werden. Einmütig forderten sie, dass die Politik den Bürgerprotest endlich ernst nehmen müsse und die Planung für ein mögliches Endlager in Gorleben sofort stoppen solle.

Machen wir uns klar, dass es mit der Aussendung radioaktiver Strahlung und mit elektromagnetischen Wellen Zusammenhänge gibt, die »wir nicht kennen oder direkt zuordnen können«. Als Erklärung bemühe ich Kernisomere u.a. chemische Botenstoffe. Auch Nichtchemiker wissen, dass es da Botenstoffe gibt – z.B. eines der 10 Kernisotope des Jods oder das Uran[108] im Trinkwasser (von 36 Isotope des Jod sind

---

[108] Wussten Sie, dass in Deutschland ab 1.11.2011 kein Wasser mehr aus dem Hahn fließen darf, das mehr als 10 µg U/l H_2O (Uran/l H_2O) enthält (diese Nachricht ist gut, andererseits bin ich sprachlos über diese Unverfrorenheit der Aufsichtsbehörden, dass sie jahrelang URAN im Trinkwasser akzeptierten). Bisher gab es keinerlei gesetzliche Obergrenze. Jahrelang hatte »foodwatch« anerkennend die kritischen Werte öffentlich gemacht (Analyse der Europäischen Lebensmittelbehörde EFSA) und einen Grenzwert gefordert. BABIES und KLEINKINDER sind damit aber noch immer nicht ausreichend geschützt. Die Freude über den neuen Grenzwert ist getrübt, denn der Wert von 10 µg Uran/l H_2O bietet Säuglingen und Kleinkindern keinen sicheren Schutz! Auch gibt es für Mineralwasser immer noch keinen allgemeingültigen Grenzwert für Uran. Nur H_2O, das als »geeignet für die Zubereitung von Säuglingsnahrung« beworben wird, darf nicht mehr als 2 µg Uran/ l H_2O enthalten. Recherchen von footwatch belegen, dass z.B. Baden-Württemberg, Bayern, Hessen,

10 Kernisomere bekannt). Von diesen Kernisotopen ist nur ein Isotop stabil, so dass natürlich vorkommendes Iod zu 100 % aus dem einzigen stabilen Isotop besteht, das ubiquitär in der Umgebungsluft existiert. Und wir sagen: Iod ist ein Rein-Element (Anisotop). Von den instabilen Isotopen besitzt dieser Betastrahler Iod eine sehr lange Halbwertszeit; es ist im Umfeld von Gorleben besonders markant! Daneben gibt es vier Isotope mit mehr als einer Halbwertszeit/Tag. Jod kann somit auch eine Gesundheitsgefahr darstellen, weil die Isotope sich in der Schilddrüse anreichern, die in einem Organismus, zwischen den Individuen einer Spezies oder zwischen verschiedenen Spezies der Übertragung von Signalen bzw. Übertragung (der Kommunikation) dienen. Sie können sogar essentiell für das Zusammenspiel in der ZNS des Organismus dienen. Informierte wissen, dass Kommunikation zwischen dem ZNS über ein solches Kernisomer erfolgen können (das ist eine sog. Semiochemikalie). Vorne im Büchlein führte ich bereits aus, dass Semiochemikalien generell zwischen Pheromonen und Allelochemikalien hin und her »zwitschen«. Während Pheromone der Kommunikation und Übertragung zwischen Organismen in einer Art (intraspezifisch) dienen, vermitteln Allelochemikalien Übertragung zwischen verschiedenen Arten (interspezifisch). Bei Allelochemikalien unterscheiden wir Allomone, die dem Absender nützen, Kairomone, die dem Empfänger und Synomone, die beiden nützen. Beispiele für eine interspezifische Wirkung sind das Vermögen einiger Zellen bzw. in der Hirn-Blutschranke, über bestimmte Allomone verschiedene Kernisomere anzulocken. Beim Kernspin handelt es sich (außer beim leichtesten Kern, dem Proton) nicht um einen Spin im engeren Sinn, da der Atomkern gemäß dem Standardmodell anders als z. B. das Elektron eine innere Struktur besitzt. Die Folge ist, dass das

---

Sachsen-Anhalt u Rheinland-Pfalz Trinkwasser mit > als 10 µg U/l H_2O aus dem Hahn fließt!

magnetische Moment sogar antiparallel zum Spin ausgerichtet sein kann, etwa beim Isotop ^{17}O (Sauerstoff). Eine ähnliche Diskrepanz gibt es auch beim Neutron, das ein magnetisches Moment besitzt, obwohl es elektrisch neutral geladen ist.

Die Magnetresonanztomographie oder Kernspintomographie nutzt diesen Umstand aus, dass im äußeren Magnetfeld die Energie des Kerns davon abhängt, wie der Spin (und das damit verbundene magnetische Moment) zu diesem Feld ausgerichtet ist. Bei Magnetfeldern von 5 Tesla[109] ergibt sich (dadurch) eine Aufspaltung des Energieniveaus des Grundzustandes des Kerns in der Größenordnung von 10−25 J, entsprechend einer Photonenfrequenz in der Größenordnung von 100 MHz (das entspricht einer Radiofrequenz im Bereich der Ultrakurzwelle). Entsprechende elektromagnetische Strahlung kann von den Atomkernen absorbiert werden. Ohne die Kernspinresonanz wird Strahlung von dieser Frequenz nur geringfügig absorbiert.

Im Kernspintomographen wird die Verteilung von Wasserstoff-Atomkernen (Protonen) im menschlichen Körper zum Beweis ausgenutzt. Anders als beim Röntgen können damit Veränderungen in den Zellen und im Gewebe sichtbar gemacht werden. Und es werden dreidimensionale Schnittbilder ermöglicht bzw. inhomogene Magnetfelder.

Ich frage (natürlich provokativ), haben Regierungsbeamte, Lobbisten und Strahlenbeauftragte keine »Handys« - um zu sehen, dass es bereits in verschiedenen Sektoren viel später ist, als sie glauben?

---

[109] »Magnetresonanz-Funkwaffen« basieren auf Tesla-Funkwellen, Grundlage für elektromagnetische Wellen. 1936 gelangte Nikola Tesla partielle Unsichtbarkeits-Versuche an der Materie.

Spezifische Prüfwerte (Sievert, Absorptionsrate, SAR-Werte) dienen uns Menschen als Hilfsmittel zur Überprüfung der Radioaktivität und elektromagnetischen Feldstärke, denn sie sind ein Energieband, das an einem Ende mit Gammastrahlen/Röntgenstrahlen ausgestattet ist, die hohe Energie-Schwellenwerte besitzt. Obwohl formal das Band über in den sichtbaren Bereich des Regenbogens[110] mit Übergang in den (etwas) strahlenden UV-Bereich geht und schließlich bis in das Feld der Mikrowellen (300 MHz, 300 GHz), Infrarot-Strahlung (300 THz), TV -und Radiowellen hin (30 KHz).[111]

Bei niedrigen Frequenzen bleibt das Feld in der Nähe der Quelle (z.B. wie im Draht, 50 Hz Stromversorgung). Athermische oder nicht-thermische Effekte[112] sind biologische Wirkungen, aufgrund schwacher Funkfelder, sie werden von Physiker/Chemiker und Biologen sehr unterschiedlich aufgenommen bzw. interpretiert. Für Physiker-Chemiker ist ein Effekt thermisch, wenn es infolge von »Energieabsorption« zu Schwingungen von polaren Wassermolekülen kommt und daraus eine Erwärmung resultiert. Diese Erwärmung kann noch so gering sein. Wir bezeichnen das Knistern auch als »Mikrowellenhören«, auch wenn es Temperatur - Veränderungen nur aus Millionstel Grad Celsius gibt.[113]

Thermisch bedeutet physikalisch-chemisch andere Mechanismen als nur Energieabsorption, z.B. eine direkte

---

[110] Kemp, Regenbogen – Regenbogenkörper – auch meta-plasmatische Erscheinung von Frequenzen, 2009.
[111] Kemp, Frequenzen, 2009, 484ff.
[112] Grazyna Fosar, Franz Bludorf, INFORMTIONSÜBERTRAGUNG MIT ELEKTROMAGNETISCHEN WELLEN:
http://einballimwasser.de/2011/04/.abgerufen 18.09.2011.
[113] Lin & Wang, Health Physics 92 (6), 2007, 621-628. (Ich erinnere an unsere Küche, wo wir die Mikrowellen hören können, die von den Wasser-Molekülen absorbiert werden).

elektrische Einwirkung der Elektronen oder Elektrorotation sowie z.B. Membrantransport, molekulare und physiologische Veränderungen von Ionenkanälen in der Arbeitsgruppe Richard Wagner (Uni Osnabrück: Protein-Transport-Poren, Metabolit-Poren & Transportern, Protein-Protein Wechselwirkungen in und an Membranen). Überprüft wird das über die Elektrophysiologie, hochauflösende Fluoreszenzmikroskopie/Spektroskopie, CD-Spektroskopie, sowie biochemische und molekularbiologische Techniken. Diese Mechanismen hängen mit der Polarisierbarkeit von H_2O und der Zellmembran zusammen (so wird mittels Laser das Ende eines Moleküls um-gelappt).[114] Darüber hinaus wird die Chemie des zellularen Melatonins und Resveratrol [115] durch elektromagnetische Wellen behindert ihre Reinigungswege durch den menschlichen Körper zu starten.

Abschließend bringe ich Beispiele von CFIDS-Symptome bei bestimmten Populationen, die »elektromagnetische Einflüsse und kernisomere Hintergründe« vermuten lassen:

»Tunguska-Population«: nach der bis heute ungeklärten Tunguska-Katastrophe (Tunguska-Region in Sibirien, Provinz Krasnojarsk, 1908), ist durch eine gewaltige Explosion in der

---

[114] http://de.wikipedia.org/wiki/dielektrophorese. Uni Osnabrück AG Wagner, Wagner Richard, Meinecke M., Cizmowski C., Schliebs W., Krüger V., Beck S., Erdmann R. (2010) The Peroxisomal Importomer Constitutes a Large and Highly Dynamic Pore. Nature Cell Biology 12, 273–277.

[115] Melatonin, das Hormon der Zirbeldrüse, ein Teil des Zwischenhirns besteht aus Serotonin/das Mind Control, das den Tag-Nacht-Rhythmus im menschlichen Körper regelt. In den USA ist M. ein sehr beliebtes Schlafmittel (kann im Supermarkt als Nahrungsergänzung bezogen werden), das der Verfasser ablehnt, da es in die Leberfunktion eingreift und uns süchtig machen kann (Paredes, S. D.; Korkmaz, A.; Manchester, L. C.; Tan, D.-X.; Reiter, »Phytomelatonin: a review«. *Journal of Experimental Botany* 60 (1) 2008, 57–69; Resveratrol in den Schalen blauer Wein-Trauben: es ist ein Traubenwirkstoff aus der Gruppe der Polyphenole (Trans-3,4,5-trihydroxystilben), wird auch vom Verfasser als Schlüsselsubstanz angesehen, um dem Alter besser Paroli zu bieten, siehe Crowell, J. A., et al., Resveratrol-associated renal toxicity. Toxicol. Sciences 82 (2004) 614-619.

Taiga mehrere tausend Quadratkilometer Wald vernichtet worden und Tausende von Menschen und Tiere haben ihr Leben verloren. CFIDS-ähnliche Symptome bei der jetzt ansässigen Bevölkerung treten gehäuft auf. Zu den genannten Symptomen treten noch Befunde, die sich im Labor objektivieren lassen, nämlich krankhafte Veränderungen bei den Erythrozyten und Schädigungen des Erbgutes bei Mensch und Tier.

Die »Tapanui-Grippe«. Im Tapanui-Krater (Einschlagkrater, im Süden Neuseelands) treten CFIDS-Fälle gehäuft auf (Tapanui flu oder ME-Syndrom, myalgic encephalomyelitis). Beide - Tunguska wie Tapanui - weisen auf extreme elektromagnetische Anomalien hin.

Das »Golfkriegs-Syndrom«. CFIDS-ähnliche Symptome treten bei einer überproportional großen Gruppe amerikanischer Golfkriegs-Veteranen auf. Es hieß, Saddam Hussein hätte chemische oder biologische Waffen gegen die alliierten Streitkräfte eingesetzt, die noch dazu von den USA oder ihren NATO-Verbündeten selbst früher an den Irak geliefert worden seien.[116] Auch US-amerikanische Panzerabwehrgranaten (Uranmunition), deren Spitzen mit Uran bestückt waren, kamen in Verdacht.[117] Inzwischen zeigt sich, dass weniger die biochemischen Waffen Saddam Husseins als vielmehr geheime Waffen der Alliierten für die Symptome verantwortlich sein dürften. Waffen also, die mit extrem langwelliger Strahlung (ELF-Wellen im Bereich < 10 Hz) arbeiten, mit denen man zum Beispiel tief unterirdische Bunkeranlagen ausspionieren und zerstören kann (die sowohl

---

[116] Im Robert Koch-Inst. Berlin/WTD-LKA – testeten wir Massenspektrometer (Quarto-Pole von Franzen Bruker Bremen) der US-Spürpanzer auf Funktionstüchtigkeit mit negativem Erfolg.

[117] Die Existenz solcher panzerbrechender Munition wird von der NATO nicht geleugnet, und sie kam auch im Kosovo-Krieg bereits zum Einsatz.

das Wetter als auch das menschliche Gehirn beeinflussen, das für diese Wellen resonanzfähig ist (Wie der Verfasser mit seinen Messungen in Mustang/Tibet im EEG aufzeigt).[118]

Die »3. Wahrheit über 9/11«.[119] Als die New Yorker Bevölkerung sah, wie zwei Flugzeuge in die Zwillingstürme einschlugen und diese im Rahmen der Ereignisse in einer Staubwolke zusammenstürzten, waren die meisten Menschen zu geschockt von den Geschehnissen, um das was sie sahen einer Prüfung zu unterziehen. Den Leuten wurden die absonderlichsten Vorstellungen eingepflanzt, dass Aluminiumflugzeuge angeblich in der Lage seien, massive Stahlkonstruktionen zum Einstürzen zu bringen bzw. schmelzen können, so dass nichts als Staub übrig bleibe. Zunächst fiel auf, dass die Reihenfolge, in der die Zwillingstürme einstürzten, nicht der entsprach, in der sie von den Flugzeugen getroffen worden waren. Dafür werden Thermit-Sprengsätze (Thermate) die an tragenden und statisch wichtigen Stahlträgern angebracht waren oder Aerosol-Sprengsätze verantwortlich gemacht (Nukleare Sprengsätze braucht es nicht, wie ein Sachschriftsteller schrieb). Das Thermit reagiert mit Schwefel auf das Eisen und verbrennt dieses »staubfein«. Aerosol-Sprengsätze, umgangssprachlich auch Vakuum-Sprengladungen sind Mittel dessen Wirkung auf der Zündung einer als Aerosol verteilten Substanz ohne enthaltenes Oxidationsmittel beruht. Der Sprengsatz enthält gesundheitsgefährdende Substanzen, z. B. Ethylenoxid, Propylenoxid oder Decan. Rückstände oder Metabolite wurden

---

[118] Zu einem späteren Zeitpunkt »diagnostizierten« Ärzte diese Symptome der Golfkriegs-Veteranen (wie auch bei israelischen Soldaten die in Indien und Nepal »durchdrehen«) als Depression bzw. Angstneurose aufgrund posttraumatischen Stresses. Allerdings ist auch diese Argumentation nicht überzeugend, da eine Kontrolluntersuchung an NATO-Veteranen aus dem Bosnien-Krieg kein vergleichbares Ergebnis brachte.

[119] Khalezov, Dimitri A., ehem. Sowj. Staatsbürger u Offizier der »Militäreinheit 46179«, des Verteidigung Minist.

im Staub nachgewiesen, denn bei den Bergungs- und Aufräumarbeiten fielen große Mengen Staub-Reste von Gipskarton-Platten (Gipsbauplatten) aus Stuckgips neben Steinen, Stahlträger, Stahlseile, Möbelresten auf, der natürlich auch aus geschmolzenem Stahl-Staub, Beton/Stuckgips, Einrichtungsgegenständen und schließlich einigen »Menschen aus den Büros« bestand (an diesem Tag waren aus versch. Gründen nur wenige Menschen an Ort und Stelle).[120]

Zu einem »späteren Zeitpunkt staksten FBI-Beamte in luftunabhängigen Ganz-Körper-Schutzanzügen (Vollschutzanzügen) in den Trümmern herum. Warum ?«

Kurzum, erste Einsatzkräfte vor Ort hatten kurze Zeit nach ihren Einsätzen mit CFIDS-ähnlichen Symptomen – am »ground ze'ro« [121] zu tun. Medizinische Untersuchungen [122] wiesen auf, dass - CFIDS- oder ähnliches bei den ersten Helfern und Feuerwehrleuten auftraten, die ohne Schutz arbeiteten und die Symptome eindeutig nicht auf »Gipsstaub« zurückzuführen sind.[123]

---

[120] Lombardie, Kristen, Death by Dust auf VillageVoice.com; http://www.villagevoice.com/2006-11-21/news/death-by-dust/
[121] Ground zero = Punkt am Boden unterhalb einer Explosion – thermo/nicht-atomare Explosion - die durch Menschenhand verursacht.
[122] Maugh II, Thomas H., New report links Alzheimer's and electromagnetic fields. Los Angeles, Times, 31.7.1994.
[123] Neben CFIDS-Symptomen wurde Leukämie und Alzheimer festgestellt.

Infos und Netzstruktur
Eine lückenlose Abdeckung der Deutschen Welle zu gewährleisten, die Abstrahlung zu mindern und mehr Peers (ein Peer = Partner oder = Client, also mobiles Endgerät) im Netz zu gestalten ist das GSM-Netz (das in Zellen(Flächen) geteilt wird). Eine Zelle besteht aus einem oder mehreren Funkmasten, die eine »Gruppe« wabenmäßig zusammenfasst. Zellen einer Region sind Handover von Zelle zu Zelle (ohne Unterbrechung des Signals). Da es sich um digitale Datenübertragung handelt, bietet sich das Frequenzsprungverfahren an, da bei einer Bandbreite von 200 KHz eine zuverlässige Erkennung einzelner Bits möglich ist.

Die Deutsche Welle – nutzt AM, um Infos z.B. in die Weite der kasachstanischen Steppe zu übertragen, niederzuschreiben, Spuren zulegen. Das wird »Modulation eines Trägers« in seiner Amplitude/Frequenz genannt (der nicht-moduliert oder konstant ist). Es ist eine direkte Beeinflussung eines Oszillators, eines vorgefertigten Bauteils, ein Chip, der in einen Schaltkreis analog oder integriert eingefügt wurde und mit der gewünschten Frequenz auf die Tour durch den Draht/Äther gebracht wird. Signale werden als kontinuierliche Sinuskurve (kontinuierliche Welle) moduliert. Die Info wird jedoch mit An-und Ausschalten des Signals (wie beim Morsen) der »Tastung« ausgelöst. Diese Amplitudenmodulation liegt dort, wo sie unkompliziert erzeugt wird so wie in ihrer einfachen Demodulation (Dioden schalten das Signal). AM hat gegenüber FM den Vorteil auch bei verrauschtem Signal in der weiten Steppe oder sonst wo demolierbar zu sein, denn das Signal kann in seiner Amplitude moduliert werden.

Nun – AM - Elektromagnetische Frequenzen verstärken den Traum in der atmischen Ebene. In einer dieser sanften, klaren Nächte der Steppe um die neue Hauptstadt Astana (die »alte«

war Almatys). Die Deutsche Welle erreicht den Übergangsbereich zwischen dem russisch geprägten Norden und extrem dünn besiedelten Landeszentrum an den Flusslandschaften des Ischim. AM vermittelt und weist auf typische Erscheinungsbilder des Brückenlandes hin.[124] Nördlich des Flusses in Astana liegen die Überreste älterer Stadtviertel von Almatys, dort sind auch deutsche Unternehmen wie »Metro« angesiedelt und installiert, ausgestattet mit Überwachungskameras. Die Metro gilt als Spiegel des Landesreichtums (Öl, Erdgas, Kohle, Konfliktminerale: Seltene Erden, Uran, Blei, Zink und Gold). Bis 2030 sollen die verschiedenen Stadtteile baulich vollendet und vernetzt sein für Mobilfunk und Handys. Der Chefplaner, will ein Berlin in eurasischer Beton-Version erbauen, ein Bollwerke gegen harte Kälte (bis zu minus 40 °C) und Hitze (+35 °C) im Sommer.

Der Präsident des Landes - rundes Gesicht mit hoher Stirn, den Scheitel sorgfältig gelegt, der keine Miene verzieht – ist ein Mann mit dem »Outfit eines Provinz-Kassendirektors«: der 70ige Nursultan Äbischuli Nasarbajew.[125]

In der Nacht zum 6. Juli 2010 wurde das »größte Zelt der Welt« eingeweiht, das »Khan Shatyr«, entworfen vom britischen Norman Foster. Foster(s) Werk ist in der Tat ein Bau der Superlative: 102 Meter hoch, wirkt doch filigran mit Kegel und seiner durchsichtigen Kunststoffhaut, die eine ellipsenförmige Fläche von etwa 14 Fußballfeldern bedecken könnte. In dem Zelt steckt, auf mehreren Etagen verteilt, ein

---

[124] Kemp, BRICKS – Brasilien, Indien, China & Brückenland Kasachstan, Südafrika – 2009, 245, 381, 461ff.
[125] SPIEGEL, 40/2010: Nasarbajew, ist der älteste Sohn eines Hirten aus tiefster kasachischer Steppe hat es weit gebracht. Er war Metallarbeiter, später Generalsekretär der kasachischen KP, Michail Gorbatschow wollte ihn kurz vor dem überraschenden Ende der Sowjetunion noch zu seinem Vizepräsidenten ernennen. Seit 20 Jahren ist Nasarbajew Staatschef von Kasachstan, 04.10.2010.

Vergnügungszentrum mit karibischen Palmen, Swimmingpools mit Sand aus Malaysia, Wasserparks, verschiedene Kinos, eine Kinderwelt samt Karussells, Cafés, Boutiquen und Supermarkt. Sein Werk, das Khan Shatyr soll letzte Kritiker des Umzugs zum Schweigen bringen, Astana ist nach Ulan Bator die zweitkälteste Hauptstadt der Welt.

Zehn Milliarden Dollar ließ der kasachische Präsident bereits in der Steppe verbauen, um ein bäuerliches Provinznest zum Schaufenster eines reichen Landes zu machen - mit einem blendend weißen Präsidentenpalast, gläsernen Wolkenkratzern für die Ministerien, der »Nur-Astana«-Moschee für 5000 Gläubige sowie einem Diplomatenviertel im Süden der Stadt.

Kasachstan ist das neuntgrößte Land der Erde und »größtes Binnenland der Welt«. 7000 Kilometer lang ist die Grenze zu Russland, im Osten reicht Kasachstan an China heran, im Süden grenzt es an Kirgisien, Usbekistan und Turkmenistan, im Westen ans Kaspische Meer. Mit Astana bekommt Kasachstan ein neues Zentrum und zugleich einen Übergang und Tor nach West-China über das nahegelegene Tianschan – Gebirge. Kasachstan ist Asien und Europa zugleich, weshalb es im Europäischen Fußballverband Uefa »mitspielen darf« und 2010 den Vorsitz in der Organisation für Sicherheit und Zusammenarbeit in Europa (OSZE) innehatte. Es besitzt bis zu 7000 Meter hohe Berge und die bereits erwähnte weite, aride Trocken-Steppen.

Nasarbajews Reich hat allerdings einen Mangel: In seinen Steppen leben lediglich 16 Millionen Einwohner - statistisch gesehen nicht mal 6 Hombes auf einem Quadratkilometer; in Deutschland sind es dagegen 230/km^2.

Gemessen an den Tigerstaaten wie Singapur, Malaysia hat sich das Pro-Kopf –Einkommen in Kasachstan um ein vielfaches erhöht. Natürlich nicht so wie in Singapur, dessen Pro-Kopf-

Einkommen sich um das 85fache vor 50 Jahren erhöhte (Aussage: Kishore Mahbubani in Singapure).[126] Ein Tigerstaat könne Kasachstan nicht sein, es habe keine Tiger, dafür aber überscheue Schneeleoparden, sinnierte Nasarbajew mit den Worten: »Kasachstan wird bis zum Jahr 2030 der zentralasiatische Schneeleopard sein«.[127]

Kossanow, einst Nasarbajews Vizeminister für Jugend und Sport, ist heute Generalsekretär der sozialdemokratischen Partei Astana. Sie hat ihren Sitz in der früheren Hauptstadt Almaty, weil Astana »kein Pflaster für Oppositionelle sein soll«. Der Präsident lässt Andersdenkende durch den Geheimdienst verfolgen (2011), und zieht die Daumen-Schrauben an. Nirgendwo ist es leichter, Prominenz aus den liberalen Gründerjahren Kasachstans zu treffen als in Astana. Der ehemaliger Parlamentschef, ein früherer Vizepremier, nimmt gleich mehrere Aufgaben war, natürlich nicht die Position des Generalstaatsanwaltes, der Kasachstans erster Kosmonaut ist. Alles Leute, deren sich der Präsident inzwischen entledigt hat und deren Bedeutung nicht mehr hoch ist und weswegen der Kasachstan-Präsident ihnen gewisse Narrenfreiheiten einräumt.

Trotzallem Erfolg scheint Nasarbajews Zeit abgelaufen zu sein, denn »sein Regime ist schwach«. Warum sonst hätte er akzeptiert, dass ihn sein Parlament zum »Führer der Nation« ausrief?

Manche sagen »Nasarbajew ist ein Diktator, wie im Bilderbuch«, manche sagen, »er schloss nur eine ideologische Lücke, die nach dem Zusammenbruch des Kommunismus entstanden ist« - er ist besser als die Kollegen in Kirgisien und

---

[126] Kemp, Auf den Weg nach Europa, 2009, 377ff.
[127] SPIEGEL, 4.10.2010

Tadschikistan. Andere sagen: »Der Kasache akzeptiert jede Ideologie, solange Geld in seiner Tasche ist«.[128]

Das Volk duldet den Diktator und diskutiert über Personenkult in Wohnküchen. Kasachen wissen, dass an Nasarbajew niemand im Land vorbei kommt. So schmücken seine Bilder Städte und Fernstraßen, im TV ist er allabendlich zu sehen. Der Präsident trifft sich mit jungen Musikerinnen im neuen Kulturforum, einem palastähnlichen Bau in Astana, er weiht die Universität der Hauptstadt ein, um ihr seinen Namen zu geben, besucht Industrieanlagen in Begleitung der TV-Kameras.

Selbstverständlich gibt es in Astana ein »Museum des ersten Präsidenten Kasachstans«. Es zeigt Gerätschaften aus der Steppe und aus Nasarbajews ärmlichem Elternhaus, seine Schreibmaschine »Erika« (DDR), sein erstes Empfangszimmer mit vielen Telefonen und Räume, in denen Talare aushängen, die der Staatschef als Ehrendoktor im Ausland geschenkt bekam.

Nasarbajew pendelt zwischen Bescheidenheit und Größenwahn, aber die (meisten) Kasachen finden das in Ordnung, es gibt ihnen das Gefühl, dass das früher verlachte Nomadenland seinen Platz als Brückenland der BRICKS-Staaten findet. Die Gefahr ist Nasarbajews eigene Familie, die andere das mächtige Nachbarland, China.

Geschätzte sieben Milliarden Dollar habe der Nasarbajew-Clan in seine Taschen gewirtschaftet, nach dem russischen Magazin »The New Times«.

Dass die herrschenden Clans beim Wirtschaften besondere Kreativität an den Tag legen, ist den Kasachen nicht neu. Sie

---

[128] SPIEGEL, 4.10.2010

bewegt auch weniger, ob die Nasarbajew-Familie sechs oder sieben Milliarden Dollar besitzt. Eines beschäftigt sie sehr wohl: »Biologisch« werde sich bald die Nachfolgefrage stellen: Obwohl viele Kasachen überzeugt sind, dass dies die Familie bestimmt.

Der Zug Nr. 54 von Astana ins west-chinesische Ürümqi verkehrt einmal pro Woche und braucht 25 Stunden für die 1200 Kilometer bis zur Grenze. Der Zug ruckelt und zuckelt an unscheinbaren Dörfern vorbei, an den Kohleminen von Karaganda, die der indische Milliardär Mittal gekauft hat, an den Überresten eines Gulag, in denen die von Stalin deportierten Wolgadeutschen schufteten, am 600 Km langen N-Ufer des Balchasch-Sees entlang, der, wie der Aralsee,[129] auszutrocknen droht.

Im Zug sitzen Kasachen, die zum Einkaufen und/oder zur medizinischen Behandlung nach Ürümqi fahren, der Hauptstadt der autonomen Uiguren-Region Xinjiang (West-China) oder pendelnde Geschäftsleute, die wissen, wie tief in Kasachstan die Furcht vor den Chinesen ist.

In Dostyk, der Grenzstation am Fuße des Tianshan-Gebirges, ist sie mit Händen zu greifen: hier, an der Dsungarischen Pforte, durch die einst die Reiterhorden Dschingis Khans nach Westen stürmten und heute die einzige Bahnlinie nach China verläuft, rosten eingegrabene Panzer im unwegsamen Gelände, sie erinnern an blutige Gefechte, der Sowjets (1969) mit der Volksbefreiungsarmee. Dostyk heißt der kleine Ort (heißt Freundschaft, ist nahezu ein Hochsicherheitstrakt zwischen China/Kasachstan), er ist wichtigster Warenumschlagplatz. 15 Mio. Tonnen werden jährlich von der Normalspur auf die kasachische Breitspur-Bahn umgeladen: kasachisches Öl und

---

[129] Kemp, Salinisation of the Aral Sea ecosystem (The Aral sea- syndrome). WBGU, Bonn 1997.

Metall Richtung Osten, chinesische Baumaschinen und Pipelineröhren nach dem Westen.

In Kasachstan wird wieder einmal über das chinesische Angebot diskutiert, eine Million Hektar nicht bewirtschaftet kasachischen Boden zu übernehmen um darauf Soja und Raps anzubauen. Dahinter verbirgt sich die Furcht, dass fünf Millionen Chinesen ins Land kommen würden. 500.000 chinesische Migranten gebe es aber schon jetzt. Eigentlich ist es für Kasachen keine Frage mehr, ob die Chinesen kommen, sondern nur, wann. Die Chinesen brauchen Siedlungsflächen, diese werden sie in Kasachstan in den hombesisch[130]-leeren Steppen finden, und sie bekommen darüber hinaus Zugang zum Kaspischen Meer und nach dem Iran.

9 Milliarden $ hat China in Kasachstan investiert, sie fördern bereits mehr als ein Viertel des kasachischen Erdöls und machen dabei jährlich 3 Milliarden $ Gewinn. Dass die kasachischen Arbeiter wegen der niedrigen Löhne immer wieder gegen chinesische Bosse streiken, wird in der heimischen Presse nicht berichtete und wenn, dann nur in Oppositionsblättern oder bei Wikileaks.

Peking finanziert den Bau einer Pipeline, mit der Kasachstan Erdgas von seinen Feldern im Westen nach China exportiert. Über 50.000 Hombes arbeiten an Autobahn und Bahnlinie, die von China ans »andere Ufer Europa« führen soll - die 2787 Km auf kasachischem Boden sollen in drei Jahren fertig sein. China nutzte seine Wirtschaftskraft, es befestigt seine Ufer vergleichsweise im von wenigen Hombes bewohnten westlichsten Zipfel Asiens (= Halbinsel Europa) nicht nur mit

---

[130] Hombes-bedeutet Mensch, nach Rudolf Hornberger, Hombes (Es Blooforze Dicker. Schdiggelscher im Kreiznacher Platt) und ich habe den Begriff verwendet in »Mondes divers - diverse Welte. Alleé witt - husch, husch, ehr/allez houste - fort mit euch - Elwedritsche in Saar-Lor-Lux«. Colmar 2011.

der geplanten »Landbrücke«[131] über Kasachstan, Mongolei, Russland, Weißrussland und Polen bis zum Güterverkehrszentrum Nürnberg. Die Uferbefestigung betreibt die VR China selbst mithilfe seiner Exil-Feinde in Indien, die nach außen hin eine pazifistische Shangri-La (Shambhala)-Vision propagierten. Erster Teilabschnitt der geplanten »trimodalen Umschlaganalage« (Three Links, San Tong) wurde 2006 in Betrieb genommen, die »China-Landbridge«[132] zwischen Peking und Nürnberg soll schließlich 2015 funktionieren.

Die einst entstandene Kaufmanns-Route für Warenaustausch und Kulturgüter (auf der Seidenstraße),[133] da funktionierte der Austausch, im Sinne der Konvergenztheorie, so wie das Drehkreuz der Informationsübertragung des Frachtflughafens in Parchim (Mecklenburg-Vorpommern), das Ende September 2007 in Betrieb ging[134].

Länder wie Deutschland in der Europäische Union ist aus verschiedenen Gründen Wunschpartner Kasachstans und Chinas geworden: »Und das andere Ufer ist nicht weit weg, aber weit genug, um keine Bedrohung darzustellen« und es

---

[131] E.I.R., Executive Intelligence Review, Seminar in Frankfurt: Mit Großprojekten die Weltwirtschaft wiederaufbauen, Am 29. September fand ein Seminar in Frankfurt/Main statt mit dem Thema »Ein Jahrhundertprogramm zum Wiederaufbau der Weltwirtschaft: NAWAPA - Beringstraße - Eurasische Landbrücke« unter lebhafter Anteilnahme des Publikums. Unter den Gästen waren neben diplomatischen Vertretern mehrere führende Ingenieure, die mit dem Hochtemperaturreaktor (HTR) befasst waren, sowie etliche besorgte Bürger.
[132] DB Schenker, der Transport-u. Logistik-Dienstleister der DB AG, plante ab 2010 Schienengüterverkehr nach China. Unter dem Produktnamen des Trans-Eurasia-Express, werden zunächst zwei Container-Züge wöchentlich zwischen China und Deutschland innerhalb von 20 Tagen reisen.
[133] Tulku Chögyam Trungpa; Organisation – Vajradhuta, 1939-1987.
[134] Nur wenige Monate nach dem der Mensch das erste Mal den Mond betrat, begann DHL den Betrieb der ersten internationalen Tür-zu-Tür Express-Lieferservice in der Welt und China. DHL wurde von Adrian Dalsey, Larry Hillblom und Robert Lynn (DHL) 1969 gegründet, die gleichzeitig Erfinder der internationalen Luft-Express-Branche waren.

erbringt das nötige wirtschaftliche Gewicht, um potenziell als Gegengewicht zu Russland und den USA zu wirken.

Deutsche Kaufleute gelten gegenüber Kasachstan und China als nicht fremdenfeindlich, erklärte Feng Jinhua. Sie wollen gleich berechtigt koexistieren: »Kasachstan und China wurde weltweit in seiner Entwicklung jahrelang behindert und unterdrückt. Dass Asiaten dagegen jetzt die Stimme erheben, ist doch verständlich. Zu dem Nationalismus der sich über den Äther ausbreitet, stehe ich«.[135]

Als Zusammenhang stand im Spiegel 40/2010 ein Sprichwort: »Ob in Astana, Dostyk oder Almaty, überall gibt's das …: Willst du das Land verlassen, lerne Englisch, willst du bleiben, lerne Chinesisch…. War es ein Gerücht, was sich die Leute vor Jahren erzählten? Sicher. Es gibt aber genügend Leute, die trotzdem daran glauben. Und nicht an den Traum von Kasachstan, dem zentralasiatischen Schneeleoparden, den ihnen ihr Präsident Nasarbajew nahebringen will«.

Geo-Zusammenhänge
Strömen unterschiedliche Quarze aneinander, so erzeugen sie messbare Frequenzen. Das Zusammenspiel »Singender Sande« (engl. booming Sands) und »Strömungs-Widerstand« (messbar als Widerstandskoeffizienten, dimensionsloser Koeffizient) in einem Fluidum »Quarz« auf einer Schrägen (einer Düne) sowie gar die Anhäufung »Piezo-elektrischer

---

[135] Kemp, Auf den Weg nach Europa, 2009: 429, Feng Jinhua, Xinghua et.com. 01. Nov. 2005.

Kristalle« führt zu Klängen:[136] Die Örtlichkeit ist auf einer bis zu 150 Meter mächtigen Schotterbedeckung,[137] bei der sich Gletscher-Stauseen mit glazialfluvialer, limnischer Sedimentation bildeten, durchsetzt mit erratischen Blöcken. Die Gletscherzungen im Norden des Himalayas sind länger als an den Südhängen (aufgrund höherer Niederschläge), sie haben Schwundraten von 30-50 cm pro Jahr. Im Vergleich schrumpfen Alpengletscher seit dem Jahr 2000 um 90 cm/Jahr. Überkleiden der Seeablagerungen mit Deckschotter unmittelbar vor dem Eisrückgang geht einher mit verschiedenen Einschneidungen und Durchbruchsbildungen (Auslaufen der Seewasser-Akkumulation). Ein solcher Zyklus gilt als typische Bildung der Seedurchbruchsschotter. Mit Sicherheit ist in dem bewegten Gelände davon auszugehen, dass der Schotterkörper der Terrassen während des Stadiums sedimentierte, auf welches das terrassenbildende Einschneiden folgte. Eine Unterscheidung freier Sander und kanalisierter Sander bzw. Schotterfluren ist anzutreffen, die mit den Dimensionen der Schotterfluren einhergehen. Zu freien Sanderflächen gehören desweiteren Schotterfluren, die durch kein Talgewächs gehemmt und sich fächerförmig ausbreiteten. Die kanalisierten Schotterfluren bei Paryang erweckten durch ihre seitlich eingeengten Talflanken und Talsohlen-

---

[136] Die Bildung »piezo-elektrischer« Kristalle ist ein Zusammenspiel von mechanischem Druck, bei dem elektrische Ladungen erzeugt werden, die als Zünder bei Granaten Bedeutung erlangt haben (es handelt sich um Minerale der Turmalin-Gruppe, Seignett-Salze, Bariumtitanat, Blei-Zirkonat-Titanat, Quarze). »Piezo-elektrische« Eigenschaften in Quarzen (Kristallen) sind ein Zusammenspiel von mechanischem Druck, bei dem elektrische Ladungen erzeugt werden, die als Zünder Bedeutung gefunden haben! Die »Singende Sande/Dünen« erzeugen in Anwesenheit dieser Kristalle nicht nur Klänge, sondern auch Strom, ohne dass eine elektrische Spannung angelegt wird. »Singende Sande« sind Indizien für die Anwesenheit »piezo-elektrischer« Kristalle. Mit diesen Kristallen entwickelten Ohnesorgs Ingenieure Ultraschallwandler in Kleinmachnow und Schwing-Quarze für die Frequenz-stabilisierung; sie finden Verwendung für Piezozünder und batterieloser Funktechnik, Sprechtechnik – Kristallmikrofone; ferner für Tonabnehmer akustischer Instrumente, bei Saiteninstrumenten wie Gitarre, Geige oder Mandoline.
[137] Kemp, 2006, 218.

Akkumulation talaufwärts den Eindruck, dass ihre Schotterflurterrassen den Abstand zueinander über große Distanzen talabwärts beibehalten haben.

Der Klangkörper erstreckt sich bis unmittelbar an den Yarlung-Tsangpo. In den Flusssanden wird der Schall bis in den hörbaren Bereich (kurzeitig sogar bis zur Schmerzgrenze als betäubendes Dröhnen erzeugt). Die Messungen mit geeignetem Akustik-Equipment ergab (½'' Mikrofon-Kapsel, nebst ½'' Verstärker): bei 140-160 µm Korngröße der Quarze = 101 Hz bzw. 25-250 Hz, helles Bellen von 105-137 dB (A*)[138] Dezibel Lautstärke, das von einem leichten Brummen unterlegt ist, das klingt wie Motorengeräusch eines zweimotorigen Propellerflugzeuges, dazwischen gab es Frequenzen im Bereich der Schmerzgrenze; das sind dunkle brummende Töne bei 210-580 µm Korngröße und 80-130 Hz und 108 dB (A*) Lautstärke; bei 160 µm Korngröße = 740 Hz und 62-97 dB (A*) erhalte ich Frequenzen, die Trompetenstößen ähneln.[139]

Das impliziert Trance, und kann Verlust der Erinnerung bedeuten (den Tod!), es ist eine Beeinflussung durch Frequenzverschiebungen. So sind Methoden der Psycho-Physiologie – in den Anfängen belegt und es werden Techniken am Menschen beschrieben (die Aktivität umschriebener Hirn-Areale) durch bestimmte Aufgaben (visuell, taktil, auditiv): Funktionelle Aufnahmen erforderten die Darstellung bei Aktivierung und in Ruhe – diese beiden Zustände werden von einander subtrahiert, so ergibt sich ein funktionelles Bild [daraus entwickelten sich – Pet, Spect-medizinische Untersuchungsmethoden zur Erfassung der qualitativen Hirndurchblutung) und das MRI (Magnet-Resonanz-Verfahren mit Feldstärken ab 1,5 Tesla zur

---

[138] Lautstärke (dB (A*) = Filterbewertung für normales menschliches Gehör;
[139] Kemp, 2006, 183/184, 267ff. Tabelle; ders. 2007, 397.

Erforschung von Suszeptibilitäts-Änderungen, der lokalen Magnetfeld-In-Homogenität] durch desoxygeniertes Hämo-Globin und oxygenierten Hämo-Globin im neuronalen Aktivierungs-Bereich des menschlichen Gehirns. Experimente haben so in den vergangenen Jahren nicht nur zigtausenden Tieren das Leben gekostet, sondern auch einer großen Anzahl von Menschen das Leben zur Hölle gemacht (ich beziehe mich hier nicht nur auf Untersuchungen in KZ).

Erdmagnetfeld & Ionosphäre
Wir (das Erdmagnetfeld) werden von einer Magnet- und Ionosphäre umgeben. Das schwächer werdende Magnetfeld wird von dem »Geodynamo« erzeugt, die Ionosphäre durch energiereiche Anteile der Sonnenstrahlung im UV- und Röntgen-Licht, oberhalb der Mesosphäre (in 80 Km Höhe).

Elektromagnetische Wellen im gesamten Bereich, regen Elektronen der Ionosphäre zum Mitschwingen an. Erdmagnetismus und Ionosphäre können so für Überwachungstechnologien eingesetzt werden, weil sie kurze Frequenzen reflektieren, die überall strahlen. Sie erlauben uns kaum Rückzugsmöglichkeit (es sei denn in besonders abgeschirmten Räumen).

Außerhalb der Erdatmosphäre wird das Dipolfeld durch Sonnenwinde beeinflusst und verformt. Nahe der Erdoberfläche ähnelt das Feld der Magnetosphäre des einen Dipols (Spins). Diese magnetischen Feldlinien treten auf der Südhalbkugel aus und im Norden der Erdhalbkugel wieder in die Erdatmosphäre ein. Im Erdmantel verändert sich die Form des Magnetfeldes in ein Multipolfeld, das aus nicht geklärten

Gründen zurzeit schwächer wird und in ca. 1000 Jahren »kaum noch existieren soll«. Lange vor den BRICKS-Staaten erkannten Chinesen und Mongolen die »Nordweisung magnetisierter Körper« (bereits vor mehr als tausend Jahren, magnetische Pole sind nicht ortsfest). Der arktische Magnetpol in Kanada wandert zurzeit 90 Meter/Tag N-NW, das entspricht 30 Km/Jahr. Die Richtung als auch die Geschwindigkeit ändert sich unablässig. Der Hauptanteil des geneigten und verschobenen Erdmagnetfeldes verändert sich (langsam, wird »Säkularvariation« genannt) im Zeitraum von tausenden von Jahren. Derzeit ist seine horizontale Komponente auf weiten Teilen der Erdoberfläche in geographischer N-S-Richtung orientiert.

Den Inklinations-Winkel der Feldlinien messen wir mit einem Kompass (Geomagnetischer Nordpol = magnetischer Südpol). Daher bezeichnen wir ihn besser als nordanziehenden Pol. Inklinations-Winkel von Feldlinien kann mit einer Kompassnadel gemessen werden. Am Geomagnetischen Nordpol befindet sich aus physikalischer Sicht ein magnetischer Südpol. Daher wird dieser Pol besser als der nordanziehende Pol des Erdmagnetfeldes bezeichnet. Der Magnet-Kompass wird bis heute zur Navigation eingesetzt. Geomagnetische Pole der Erde fallen nicht mit den geographischen Polen zusammen. Zurzeit (Stand 2011) ist die Achse des Dipolfeldes um 12° gegenüber der Erdachse geneigt.

In unserer Erde nimmt die Flussdichte mit wachsender Tiefe zu, dabei schmiert die Feld-Form ab in ein Multipolfeld, the »International Geomagnetic Reference Field« (IGRF). In der gleichen Größenordnung liegen die Magnetfelder Oberflächen-naher (bis max. 20 km Tiefe)[140] in der Erdkruste.

---

[140] Wikipedia, abgerufen 20.10.2011.

Ursache ist das Auftreten von magnetisierten Mineralien (»remanente Magnetisierung«) oder Mineralien mit hoher magnetischer Suszeptibilität (»Übernahmefähigkeit«).

Unterhalb von 20 km wird die Curietemperatur der Mineralien überschritten und es gibt keine ferromagnetischen Stoffe mehr, die sogenannte Anomalien in der Geosphäre erzeugen (wird von geostationären Satelliten beobachtet). Zur Entstehung gibt es verschiedene Theorien. Sicher ist, dass im äußeren Magnetfeld eine Energie (1018 Joule) gespeichert ist und die Energie innerhalb des Erdkörpers um ein-zwei Größenordnungen höher ausfällt: »Es muss eine große Menge einer elektrisch leitenden Flüssigkeit vorhanden sein. Diese Bedingung erfüllt auf unserem Planeten der flüssige äußere Erdkern, der stark »eisenhaltig« ist und den inneren festen Kern aus nahezu reinem Eisen umschließt«.[141] »Es muss eine Energiequelle vorhanden sein, damit sich das flüssige leitende Material im Erdkern durch »Konvektion« bewegt. Es wird vermutet, dass der Erdkern sehr heiß ist; der Erdkern wird > $T_{6.000°C}$ = TK − 273,15 °C, das entspricht der Sonnenoberfläche«. »Der Erdplanet rotiert. Wie die Luftmassen der Erdatmosphäre werden auch die Konvektionsströme im Erdinneren durch die Corioliskraft, durch ihre eigene Trägheit abgelenkt und auf eine Spin-Schraubenbahn gelenkt. Durch verwirbelnde Konvektionsströme werden die magnetischen Feldlinien (Feldstärken) erhöht«.[142]

---

[141] Anmerkung: Fe (Eisen), Ni (Nickel) sind im Erdkern nicht (ferro-)magnetisierbar, weil sie eine Temperatur weit über ihrer Curie-Temp. aufweisen (paramagnetisch, therm. Energie des Spins ist aufgehoben). Die Materialien dort selbst nicht magnetisch, sondern können nur durch ihre Bewegung, als bewegte Ladungsträger, ein Magnetfeld bewirken, dafür müssen sie zusätzlich ionisiert sein. (abgerufen Wikipedia, 12.12.2011)/
[142] Energiequellen im Erdinnern bestehen aus Energie (aus der Vergangenheit der Erde), Wärme aus dem radioaktiven Zerfall von Uran und Thorium sowie freiwerdende Kristallisationswärme durch das langsam fortschreitende Erstarren des

In der Nähe des Erdmagnetfeldes = Konvektionsströme werden im äußeren flüssigen Erdkern (durch gewaltige Temperaturunterschiede) zwischen dem festen inneren Erdkern und Erdmantel aufrechterhalten. Gemäß dem dynamoelektrischen Prinzip wird durch die Bewegung der elektrisch leitfähigen Schmelze in einem schwachen Ausgangsmagnetfeld ein Elektronenfluss induziert, der seinerseits ein Magnetfeld aufbaut.

Die Fließbewegung im 3000 km mächtigen Erdkern (von wenigen Metern/Jahr) genügt, um ein Dipolmoment aufzubauen. Die Polarität des Magnetfelds hängt von der Orientierung des elektrischen Feldes ab. Simulationsrechnungen zeigen auf, dass es zu chaotischen Störungen kommen kann (die auch zur Umpolung des Magnetfeldes führen können).

Das Erdmagnetfeld wird aus der kinetischen Energie des Erdkerns erzeugt. Die Konvektion der Schmelze kann auch als Rotationsbewegung angesehen werden, die das Bestreben hat, die ursprüngliche Richtung der Rotationsachse beizubehalten (ähnlich dem Foucaultschen Pendel). Dieses ist eine alternative Beschreibung für die Ablenkung durch die Corioliskraft. Daher liegen die magnetischen Pole etwa in der Nähe der geographischen Pole. Möglicherweise tragen die von Mond und Sonne ausgehenden Gezeitenkräfte zur Entstehung des Erdmagnetfeldes bei. Durch sie wird die Erde in ihrer Rotation abgebremst. In der Konsequenz bedeutet die stärkere Abbremsung des Erdmantels, dass der innere Erdkern ein wenig schneller rotiert als der Erdmantel, was nicht zuletzt durch die Wirkung des äußeren flüssigen Erdkerns als reibungsarmes Medium ermöglicht wird. Durch die schnellere

---

äußeren Kerns. Beispiel, wie in einer Lavalampe steigt heißes, flüssiges, weniger dichtes Eisen im Erdkern zum Mantel auf, wo es einen Teil seiner Wärme abgibt und wieder absinkt (Bénard-Zellen). Abgerufen Wikipedia, 12.12.2011

Rotation des festen Erdkerns gegenüber dem Erdmantel wird ein elektrischer Strom induziert (der das Erdmagnetfeld hervorruft).

Eisenhaltiges Gestein, das oberhalb des Curiepunktes[143] erhitzt wird und sich schließlich abkühlt, wird in Richtung des äußeren Magnetfeldes, normalerweise des Erdmagnetfeldes, magnetisiert. Dieses trifft für Vulkangestein zu, tritt aber auch bei Ziegeln oder Tongefäßen auf (Messung an historischen Tongefäßen).

Aufgrund der Rekonstruktion des Paläomagnetfeldes infolge erstarrter Magma der ozeanischen Kruste,[144] die sich im Rahmen der Plattentektonik[145] am mittelozeanischen Rücken[146] ständig nachbildet, wissen wir, dass sich das Erdmagnetfeld im Mittel etwa alle 250.000 Jahre umkehrt. Zuletzt tat es das allerdings vor etwa 780.000 Jahren, die nächste Umpolung ist also »überfällig«. Der Polsprung, also die magnetische Feldumkehr, dauert etwa 4.000 - 10.000 Jahre (nach einer PC-Simulationen gehen wir von 9.000 Jahren aus). Offenbar verursachen Störungen im Geodynamo (ein sich selbst erhaltendes Magnetfeld) die Aufhebung der ursprünglichen Polarität. Umpolungen sind bis vor etwa 100 Millionen Jahren gut dokumentiert. Da das Magnetfeld derzeit abnimmt, könnte in nicht allzu ferner Zukunft eine Umpolung bevorstehen (Schätzung: Jahr 3000–4000; die Häufigkeit der Polsprünge hat in den letzten 120 Mio. Jahre zugenommen).

Während der Phase der Umpolung ist der Planet dem Einfluss des Sonnenwindes stärker ausgesetzt. Das korrespondiert mit der Beobachtung, dass in den entsprechenden

---

[143] Wikipedia, abgerufen 12.12.2011
[144] Wikipedia, abgerufen 12.12.2011
[145] Wikipedia, abgerufen 12.12.2011
[146] Wikipedia, abgerufen 12.12.2011

Sedimentschichten gehäuft ein Artenwechsel von Kleinorganismen festgestellt wurde. Die Oszillation des Erdmagnetfeldes sowie die einhergehenden DNA-Mutationen (ausgelöst durch Frequenzen) ist Schrittmacher sowie bedeutender Auslöser der Evolution. Allerdings entstehen wohl durch die Wechselwirkung der Elektronen (Ionen) des Sonnenwindes in der Ionosphäre magnetische »Schlauchähnliche« Formen, die von der sonnenzugewandten Seite zur Schattenseite der Erde führen.

Schon länger gibt es Anzeichen für bevorstehende Polumkehr. So gibt es Stellen in der Kern-Mantel-Zone, in denen die Richtung des Magnetflusses umgekehrt ist als für die jeweilige Hemisphäre üblich.[147]

Das Magnetfeld der Sonne kehrt sich deutlich häufiger um, etwa alle 11 Jahre. Es verschwindet aber während der Umpolung nicht ganz (und wird chaotisch).

Insbesondere treten mit abschwächendem globalem Sonnenmagnetfeld zunehmend auch sehr starke lokale magnetische Nord- und Südpole auf, diese gehen einher mit starken Sonnenflecken. In der Diskussion um die globale Erwärmung ist ein Zusammenhang zwischen kosmischer Strahlung, Erdmagnetfeld und Klima – festzustellen, wird aber äußerst kontrovers – diskutiert. Ein zeitlicher Verlauf von Luftdruck, atmosphärischer Mitteltemperatur und Erdmagnetfeld ergeben Zusammenhänge, die noch nicht ganz in ihrem Ausmaß und Zusammenhang geklärt wurden. Die

---

[147] Die größte dieser Regionen erstreckt sich südlich der Südspitze Afrikas nach Westen bis unter die Südspitze Südamerikas (Südatlantische Anomalie). Weitere Flussrichtungswechsel zeichnen sich unter der Ostküste Nordamerikas und in der Arktis ab. Diese Bereiche vergrößern sich messbar und bewegen sich immer weiter vorwärts in Richtung Pol. Abgerufen Wikipedia am 12.12.2011

globale räumliche Verteilung des Erdmagnetfeldes wurde zunächst aus lokalen Beobachtungen der Schifffahrt und zugeordneter geomagnetischer Observatorien abgeleitet, die das Erdmagnetfeld kontinuierlich beobachten und so die zeitlichen und örtlichen Schwankungen des Erdmagnetfeldes mit Magnetometern erfasst und dokumentiert. Magnetische Spezialmessungen erfolgen »untertage«, auf See, im Flugzeug sowie in Bohrlochsonden, so etwa während der Kontinentalen Tiefbohrung und der Prospektion auf Erdöl und Erze. Unterhalb der globalen Satellitenmessungen und oberhalb der lokalen und zeitlichen Erfassung vor Ort, stationär in Observatorien wie räumlich flexibel vor Ort ermöglicht die Aeromagnetik im regionalen Maßstab geologische Fragen aufzuklären. Daten von Überlegungen (Höhe einige 100 m bis einige km) sind bei den geologischen Landesämtern zu erhalten.

Die unterschiedlichen Magnetfeldbeobachtungen ergänzen sich. So können etwa Satellitenmessungen nicht die Zeitreihen der Observatorien ersetzen oder lokale kleinräumige Anomalien auffinden. Umgekehrt erlauben lokale Untersuchungen oder die Daten aus Observatorien keinen detaillierten Rückschluss auf die globale Form des Erdmagnetfeldes.

Seit 1995 werden numerische PC-Simulationen eingesetzt, um herauszufinden, wie sich das Erdmagnetfeld in Zukunft verändern könnte, beziehungsweise was die Ursachen für historische Veränderungen waren. Die Rechenzeiten sind meistens sehr lange, so benötigte die Aufstellung eines 3D-Modells der Veränderung des Erdmagnetfeldes über einen Zeitraum von 300.000 Jahren eine Rechenzeit von über einem Jahr (bei einer Arbeitszeit von 12 Stunden pro Tag). Die so entstandenen Vorhersagemodelle entsprechen recht genau der tatsächlichen momentanen oder historischen Entwicklung des Magnetfeldes und stützen so die oben dargelegten Theorien.

Einige Tiere besitzen einen „Magnetsinn, so zum Beispiel Ameisen, Bienen, Blindmäuse, Haustauben, Zugvögel, Meeresschildkröten, Haie und wahrscheinlich auch Wale. Sie nutzen das Erdmagnetfeld zur Orientierung. Einige in Gewässern vorkommende, mikroaerophile Bakterienarten werden durch das Erdmagnetfeld parallel zu den Feldlinien ausgerichtet. Im Inneren dieser magnetotaktische Einzeller befinden sich Reihen von Magnetosomen, die die ferromagnetischen Minerale Magnetit oder Greigit enthalten. Die Magnetosomen wirken wie Kompassnadeln und drehen so die Bakterien parallel zu den Feldlinien des Erdmagnetfelds. Die Bakterien schwimmen in nördlichen Breiten zum magnetischen Südpol, in südlichen Breiten zum magnetischen Nordpol. Dadurch und wegen der Inklination des Magnetfelds schwimmen die Bakterien stets schräg nach unten, wo sie dicht über dem Sediment ein von ihnen bevorzugtes Milieu mit niedrigen O_2-Konzentrationen vorfinden".[148]

Aus — Erdfrequenzen, Ortungslinien, geomantischer Linien, die sich unter dem Nordturm der Wewelsburg befinden, leiteten einige ehemalige Funktionäre den Weltherrschafts-Gedanken ab. Der Autor Teudt glaubte zwischen Germanischen Heiligtümern Belege für eine germanische Hochkultur südwestlich von Detmold — in den Extern-Steinen (einer »Germanischen Kultstätte« — Sonnenwarte, Kreuzungspunkt geomantischer Linien und Flächen) — gefunden zu haben.[149]

---

[148] Volker Haak, Stefan Maus, Monika Korte, Hermann Lühr, Das Erdmagnetfeld – Beobachtung und Überwachung. Physik in unserer Zeit 34(5), 2003: 218-224.
[149] W.Teudt, 1929, sah überall altgerm. Beobachtungsposten. Die Positionsbestimmung erfolgte nach dem Sternenbild, gemessenen Erdstrahlkräften, was in prähistorischen Höhlen, im Altai, Himalaya Praxis ist.

Teudts Buch von 1929 löste eine wahre Flut ähnlicher Entdeckungen in Deutschland aus. Restversion einer Irminsäule, offenbar römischen Ursprungs, befindet sich im Hildesheimer Dom, Segeste, dem Drachenberg und Wormstal, das auf die »Skiren« im Nibelungenlied hindeutet. Eine hölzerne Kultstange, eine »Irminsul« konnte ich in der Nähe der Eresburg bei Obermarsberg bewundern.[150] Die Irminsäule sollte eine bedeutende Rolle einmal in der Symbolwelt des NS-Systems einnehmen (und heute in neuheidnischen Gruppen). Letztlich sind wir wieder bei den Holzpflöcken (und Steinsäulen) angelangt, auf die die Kelten-Vorväter die Köpfe ihrer erschlagenen Feinde aufspießten oder die beim Mundraub gefassten armseligen Kreaturen auf diesen »Schandpfahl« anketteten. Die Irminsul wurde von den Franken auf Veranlassung Karls des Großen im Jahr 772 während der Sachsenkriege zerstört. An Stelle des Germanentums und Heidentums etablierte Karl (Kopf-ab-Methode) das Christentum und entschied den Kampf zwischen Franken einerseits sowie Sachsen und Friesen andererseits (für sich). So war es Brauch, an heiligen Stätten und Symbolen dem allmächtigen Wesen über uns (dem Gott) zu opfern: Animistischen Götter wurden Köpfe und Brüste abgeschlagen, heilige Haine sowie mächtige Eichen und Buchen zerstört, besondere Wahrzeichen und Wegweiser. Mit den Anhängern trug Teudt in Detmold/Teutoburger Wald und in seinem Buch Germanische Heiligtümer 1929 zur Verbreitung in völkischen Kreisen bei.[151]

Legen wir die Extern-Steine als Nullpunkt eines Koordinatensystems und die Ostlinie der Extern-Stein-Pyramide als eine Koordinate, so fallen die Extern-Steine auf, da sie zusammen mit Aachen, Karlsruhe und Coburg ein

---

[150] Freundlicher Hinweis durch Anne Löper, Museum der Stadt Warburg, 19.8.2007.
[151] Uta Halle, Veröffentlichungen des Naturwissensch./Historischen Vereins für das Land Lippe, Bd. 2002, 68.

Quadrat bilden.[152] Es ist sicher kein Zufall, dass der Buntsandsteinklotz der Pyramide in Karlsruhe – Grundrissen und Gebäuden der Marktplatz- Umgebung nicht nur zahlreiche Bezüge mit den Cheops-Pyramiden bei Kairo hat, sondern die Nordseite der Pyramide nur »am Tag der Sommersonnenwende von der Sonne angestrahlt wird!«[153]

Rudolf Steiner ließ seinerzeit in Nähe der Örtlichkeit das »Vorläufermodell des Goetheanums« (in Dornach oberhalb von Basel) bei Malsch (Wiesloch) errichten, angeblich auf dem Platz einer spätatlantischen Orakelstätte.[154] Der Mythos vom germanisch-atlantischen Ägypten »Atlantis« beschwor Alfred Rosenberg in seinem Hauptwerk »Mythos des 20.Jh.«.

Das NS-System nutzte Erdmagnetfelder, um darin den Lebensraum für das deutsche Volk und »seinen neuen Menschen«, »Boden und Raum« von den Vogesen bis zum Ural, Kaukasus und Altai auszurichten. Die geomantischen Verbindungen nutzten sie als ordnendes Mittel sowie auch zur Kontrolle. Minister Speer und andere Entscheidungsträger legten Fundamente und Industriestandorte entsprechend den Linien an. Im Zentrum stehen dabei die des Arya, die im Kern nicht mit technischen Lösungen der Moderne zu erreichen waren, sondern mit der seelischen Entwicklung des Kollektiven. Und nur innerlich starke und souveräne Menschen konnten der Dynamik der Verhältnisse widerstehen (um nicht wehrlos mitgerissen zu werden). Zur Verdeutlichung dieser Gedankengänge: Denken Sie an eine

---

[152] Möller, Geomantie Mitteleuropa: Karte zum Extern Stein-System, Verhältnisse der Gitterabstände [ ], Bielefeld 1988.
[153] Das Spektakel erlebte ich 1955 auf einem Ausflug mit der Klasse aus der Waldorfschule Pforzheim.
[154] »Zehn Jahre u drei Monate nach jener traumschweren Nacht, ging im Dez. 1922 das Goetheanum in einem Riesenfeuer auf, und dies zu dem Zeitpunkt, als der monumentale Holzbau nahezu fertiggestellt war. Bis nach Basel und über die Jurahöhen hinweg leuchtete der gewaltige Feuerschein.

Gralsburg im geplanten Burgund, denken sie an vorbuddhistische Traditionen der Kalmücken und germanischer Bräuche. Für die NS-Entscheidungsträger entsprachen diese Lokalitäten »Inseln und Linien der Zukunft«, die einen Zugang zu entscheidenden Lebensfragen bildeten. So wurde das Reichsparteitags-Gelände in Nürnberg von Albert Speer an »geomantischen-(Kraftlinien)-Kreuzungen und Quadrate« angelegt. Das Erdstrahl-Areal des Reichsparteitags-Gelände, das bereits 1806 von Napoleon für Siegesfeiern und Aufmärsche genutzt wurde, ist ein gebündeltes geomantisches Konglomerat. Die Mehrheit des NS-Volkes nahm übrigens auf der Basis Aufstellung, wo eine niedrigere Frequenz schwingt, im Gegensatz zu den höheren Rängen der Tribüne für die Prominenz. Die geomantische Linie führt vom Reichspartei-Gelände Nürnberg über Frankfurt/Main zur gotischen Chorhalle des Kaiserdoms in Aachen. Kassel wird von mehreren geomantischen Linien durchzogen. Zum einen durchzieht eine Linie von Osten nach Westen, es ist die Wilhelmshöher-Allee-Linie, die am Herkules (und in Burghausen, Wolfshagen) mündet. Zum anderen gibt es die Nord-Süd ausgerichtete Linie, die die Wilhelmshöher-Allee im Stadtteil Wehlheiden kreuzt; auf dieser Linie befand sich das VW-Werk für die Kübelwagen-Produktion und Daimler Benz (die ehemalige Panzerschmiede Henschel unmittelbar neben einem ehemaligen Thingplatz). Diese geomantische Linie ist der Kassel-Teil, der Teil der Großraumlinie zu der ehemaligen Reichsuniversität Strasbourg (und dem Münster Strasbourg, Notre-Dame aus dem 15. Jahrhundert). Vom Strasbourger Münster verläuft die Linie über Bischwiller und Seebach (Elsass), Landau (Pfalz) Richtung Kassel, Frede, Badsalzdetfurt, Brahlsdorf, Renzow, Zirow.[155]

---

[155] Karte BRD Blatt S-W und N-O, Hrsg. Inst. für angewandte Geodäsie, 1:500.000.

Der Bau der Reichs-Autobahnen folgt ebenfalls geomantischen Linien. Die Linie NYMPHENBURGER Schloss - HOFGARTEN (Residenz und Staatskanzlei) in München führt über den Königsplatz, an dem sich die »Märtyrer-Tempelchen« der Partei an die Kraftlinien anschloss.[156]

Geomantische Linien der nogaischen Khane und Goten weisen ebenfalls auf der Schwarzmeer-Halbinsel Krim zu eindrucksvollen Örtlichkeiten und Festungen /Palästen (»Gotenfestungen«) in Bakhchisaray, der Bergstadt Mangupkale, dem alten Doros oder Theodore, nördlich Bakhchisaray und zu den Küstenfestungen Gurzuf und Alushta, an denen beabsichtigt wurde, »Burgund als Ordensstaat« zu errichten. Ihre Lage wurde von Erdmagnetfeldern bestimmt. Die Bestimmung wurde bereits von Rutengänger römischer Legionen durchgeführt (sie legten Ansiedlungen, Befestigungen, »Kampforte« fest).[157]

Kampf-Orte, Kraft-Orte, wie Extern Steine und Klöster (z.B. Odilienberg im Elsass) wurden für Weihehandlungen des »Schwarzen Ordens« in Anspruch genommen. 1928 erfolgte eine Groß-Restaurierung der Extern Steine und des Kloster Odilienberg, welche den Gebäuden auf dem Berg mit der »Hohenburg« eine neue Struktur verlieh.[158] Die »Heidenmauer« am Kloster Odilienberg ist 10 km lang, bis 1 m dick und mehrere Meter hoch, sie besteht aus großen Felsblöcken; es handelt sich um eine Trockenmauer, bei der

---

[156] Aussage des Schriftstellers Werner Beumelburg (1962); Die Gotik des Strasbourger Münsters stellt einen Bezug und Ausgangspunkt der »europäischen Rechten« von der Romantik bis zur völkischen Bewegung – der konservativen Revolution und Faschismus der Macht bis hin zur »Neuen Rechten« und den nationalrevolutionären Nachfolgern der Otto-Strasser-Linie dar (Position des Dritten Weges).
[157] Unter Justinian, 527-565.
[158] Der Kraft-Ort »Marienburg« bei Gdańsk/Danzig war als weitere Ordensburg vorgesehen, was jedoch nicht mehr verwirklicht wurde.

die Steine teilweise mit Keilen verbunden sind; das Alter wurde bestimmt (ca. 4000-1000 v. Chr.). Dieser »heilige Wall« ist sowohl ein physisches wie auch ein energetisches Phänomen, wie geomantische Messungen ergaben. Der Historiker Tomasz Butkiewicz aus Warschau, der auf dem Gebiet »medialer Wirrungen um Täter-Orte«, arbeite, stellte 2007 zu der »Heidenmauer« am Kloster Odilienberg und verschiedenen Ordensburgen fest, dass dort »geomantische Kräfte wirken und sich auf die »Einrichtungen« auswirken aber sie keinesfalls nur zu »Bildungsorte für Tötungsmaschinen« machten.[159]

INDECT

Im Internet können wir auf Knopfdruck (fast alle) die wichtigen Daten erhalten, setzen uns aber trotzdem der schädigenden EMF-Wirkung aus? Warum?

Weil es bedingt gefährlich ist? Die Summe der EMF-Strahlen, egal wo wir sind, zu Hause, beim Einkaufen, am Arbeitsplatz, im Urlaub im fahrenden Auto. Niemand fragt uns, ob wir das überhaupt wollen und es scheint auch völlig egal zu sein, ob sensible Menschen, insbesondere junge Frauen[160] an dieser komplexen Strahlen-Belastung leiden. Von dem Eingriff in die Privatsphäre spreche ich da noch nicht einmal.

---

[159] Tomasz Butkiewicz, Warschau, Veröffentlichung im Internet. Kommentar zu: »Auf Vogelsang Massenmörder ausgebildet«, Aachener Zeitung, 23.11.2006.
[160] Der menschliche Körper ist ein Mentalkörper und von einem elektromagnetischen Energiefeld umgeben (Astrallicht, Äther), das mit kirlianfotografischer Pupillen-Aufnahme anschaulich dargestellt werden kann (Neben Blutanalysen ist diese Fotografie auch zum Aufspüren und zum Nachweis von Rauschmitteln im menschlichen Körper geeignet, Anm. des Verf.)

Die anstehende Realisierung auch in zukünftigen BRICKS-Staaten scheint auf dem Gebiet der Überwachungstechnologie INTECT des Intelligenten Informations-System[161] sich einmal gesellschaftlich wie politisch negativ auf die Community auszuwirken, erreicht nahezu jeden. Mittels »Predictive Analytics« und »Relationship mining« können Risiken analysiert werden. Dazu wird einerseits auf Überwachung des Internets mit Hilfe von Suchmaschinen zum schnellen Auffinden von Bildern und Videos sowie automatisierte Suchroutinen zur Aufspürung von beispielsweiser Gewalt oder »nicht normales Verhalten« sowohl im »World Wide Web« als auch im Usenet und in P2P-Netzwerken geprüft.[162] In INDECT wird versucht, die PC-Linguistik (Computerlinguistik) dahingehend weiter zu entwickeln, dass die Suchroutinen in der Lage sind, Beziehungen zwischen Personen sowie den Kontext einer Unterhaltung, z.B. in Chats, bei der Interpretation der Sprache mit einzubeziehen (Das Bundesamt für Verfassungsschutz sowie 16 Landesämter für Verfassungsschutz sowie die LKÄ beobachten mit Hilfe von INDECT derzeit bewegliche Objekte/Subjekte).[163]

Für mobile Überwachungssysteme (Mobile Urban Observation System) sollen ferner fliegende Kameras (UAV, unbemannte fliegende Fahrzeuge) wie Quadrocopter – zum Einsatz kommen. Diese UAV gelten als intelligent, autonom und sind selbst wiederum vernetzt, können miteinander kooperieren (das geht in Richtung empathische Systeme), um verdächtige bewegliche Objekte sowohl zu identifizieren als auch im

---

[161] INDECT, Intelligent Information System Supporting Observation, Searching and Dedection for Security of Citizens in Urban Environment, ein EU-Project verschiedener Forschungseinrichtungen und FHs in Polen, Bulgarien, Großbritannien, Tschechien, Slowakei, Österreich und Deutschland.
[162] Matthias Monroy, Allround-System für europäische Homeland Security. TELEPOLIS, 4. Januar 2010; Kai Biermann, Indect - der Traum der EU vom Polizeistaat. Die Zeit, 24. September 2009.
[163] WikiLeaks, EU social network spy system brief, INDECT Work Package 4, 2009.

urbanen Raum verfolgen zu können.[164] Verdächtig könnte damit bereits ein Rennen auf öffentlichen Straßen bewertet werden, wenn es nicht bei den Ordnungsbehörden angemeldet wurde.[165] Dem stehen die Kritik am Verfassungsschutz und der Kampf gegen das NPD-Verbotsverfahren in der Mordserie des Neonazi-Trios entgegen, da anscheinend selbst verwickelt?

Es nutzt auch nichts, erhaltene Daten in einer Datenbank zu speichern und durch bereits vorhandene Daten zu ergänzen. Dazu gehört u.a. der Vorratsdatenspeicherung erhobenen Kommunikationsdaten, Handyortung, Gesichtserkennung und Telekommunikations-Überwachung.

Durch die Vernetzung all dieser Informationsquellen sollen Menschen, die einmal durch anormales Verhalten auffielen, registriert und überwacht werden. Beispielsweise könnte eine Person, die ein Drohvideo im WWW postet, über die automatischen Suchroutinen online überwacht und gegebenenfalls identifiziert werden. Fotos aus dem Personalausweis können verwendet werden, um die Person erkennen zu lassen mit Hilfe von Überwachungskameras, die zur Gesichtserkennung ausgestattet sind. Alternativ oder zusätzlich dazu kann auch das Mobiltelefon der Zielperson mit Hilfe von GSM oder GPS geortet und die Person so rund um die Uhr überwacht und verfolgt werden. Die Europäische Union finanziert INDECT mit 10,91 Mio. Euro; das läuft seit 2009 und sollte ursprünglich fünf Jahre dauern…[166]

---

[164] Matthias Monroy, »Wir müssen vor die Lage kommen« – Die fortschreitende Digitalisierung der Polizeiarbeit eröffnet den europäischen Verfolgungsbehörden ungeahnte Möglichkeiten. Mit »intelligenter Strafverfolgung« will man »abweichendes Verhalten« sogar vorhersehen. in: konkret H 3/ 2010: 36.
[165] Erich Moechel, »Indect«, Videotechnik aus dem Burgenland. futurezone.orf.at, 9. November 2009.
[166] Wiki.piratepartei.lu, Dezember 2010, Bericht über INDECT Ethics Board und lancierte Dokumente der Piratenpartei Luxemburg.

Das Projekt INDECT wird von unterschiedlichen Fachleuten aus Seiten des Datenschutzes und politisch Denkenden kritisiert. Der Londoner »Telegraph« und »DIE ZEIT« sprechen von einem Orwell'schen Plan.[167] In einem im Januar 2011 im Rahmen der Nachrichtensendung ZIB ausgestrahlten Beitrag wurden ferner Kritiker zitiert, die der Meinung waren, die zunehmende Datenspeicherung helfe nicht bei der Verbrechensbekämpfung; am Ende des Projekts stehe der gläserne Mensch vor einem Trümmerfeld mit verwirrend vielem Material, das nicht mehr ausgewertet werden kann (siehe Verhinderung der NPD, dass sie Zugang zu einem Kontrollgremium finden könnten).

Thilo Weichert, Leiter eines unabhängigen Datenschutzzentrums Schleswig-Holstein, räumt ein: Wir können nichts gegen die Grundidee sagen, technische Mittel zur Effektivierung der Tätigkeit von Sicherheitsbehörden einzusetzen, das Projekt INDECT jedoch steht konzeptionell mit europäischem und deutschem Datenschutz- und Verfassungsrecht im Widerspruch. Bei der Vermessung dieses Frequenzspektrums werden ubiquitäre normale Frequenzen messbar, so die Frequenzen des Stromnetzes (50 Hz, in Europa) und U-Boot-Kommunikationssysteme (76 Hz, der USA/82 Hz, Russland).

---

[167] Ian Johnston; EU funding 'Orwellian' artificial intelligence plan to monitor public for »abnormal behaviour«. The Daily Telegraph, 19. September 2009.

Kein Nachweis für Gehirn-Tumore
Immer wieder berichten Medien und auch wissenschaftliche Organe über Frequnz-Gefahren, die von Mobilfunktelefonen und -Basisstationen abgegeben werden. Die Aufstellung neuer Basisstationen zur besseren Erreichbarkeit via Handys wird so auch von Bürgerinitiativen hartnäckig bekämpft, auf der anderen Seite begrüßen auch sie die bessere Erreichbarkeit und nicht in einemFunkloch zu sitzen.

Im Mai 2011 hatte die IARC, dafür gesorgt, dass die Debatte über das gesundheitliche Risiko durch Handy-Strahlung nicht verebbte, sie stufte sie als »möglicherweise krebserregend« ein, wie ich weiter vorne berichtete. Die von Wissenschaftlern um Patrizia Frei von der dänischen Krebsgesellschaft im »Britisch Medical Journal« präsentierte Studie stützt sich auf ca. 400.000 Personen mit Handyvertrag. Die Untersuchung ist die Fortsetzung einer Kohortenstudie,[168] die bereits 2001 erste Ergebnisse ablieferte und 2007 aussagefähige Aussagen machte. Der Anteil der langjährigen Handynutzer hat zugenommen. Das Krebsrisiko ist jedoch <u>nicht</u> gestiegen. Es wurde in dieser Studie festgestellt, dass bei Personen, die 10 Jahre und mehr einen Handyvertrag besaßen, Hirntumore, bösartige Gliome und eher gutartige Meningeome, nicht öfter auftraten als in der Vergleichsgruppe. Auch in den Temporallapen (Schläfenlappen) und dem limbischen System im Zwischenhirn (Hippokampus/Amygdala), die der elektromagnetischen Strahlung des am Kopf gehaltenen »Seite des Handys« besonders stark ausgesetzt sind, war kein Hirntumor oder Veränderung sichtbar. Allerdings genügen geringe Frequenzen von 0,01 Hz nach einem Bericht des US-

---

[168] Kohortenstudie ist eine spezielle Form der Paneluntersuchung (Studie, bei der eine ausgewählte Personengr. über einen längeren Zeitraum beobachtet wird), bei der alle Personen einer Stichprobe derselben Kohorte angehören. Unter einer Kohorte verstehen wir eine Gruppe von Personen, in deren CV ein bestimmtes biogr. Ereignis annähernd zum selben Zeitpunkt aufgetreten ist. Je nach Merkmal unterscheidet man Geburtskohorten, Einschulungskohorten, Scheidungskohorten und andere mehr.

Militärs und eigene Studien[169] der um gezieltes Einspeisen geeigneter elektromagnetischer Frequenzen in das menschliche Gehirn handelt (das bis zur Verblödung (Debilität) führen kann, oder erzielen akustischer Halluzinationen, Störung von Bewegungsmuster, Stimulation Verhaltensweisen). Eine andere groß angelegt Untersuchung[170] liefert allerdings andere Ergebnisse, denn in ihr kommen bei langjährigen Handynutzung Gliome im Gehirn vor. Einen kaum weniger häufigen Gebrauch ging scheinbar mit Schutzwirkungen einher, denn Tumore traten besonders selten auf.

Es zeigt sich, dass wie alle Studien - die Studien nicht frei von Unzulänglichkeiten sind. Z.B. ist der Abschluss eines Handyvertrages nicht gleichbedeutend mit der Nutzung des Betriebsmittels (des Handys)!

Für Handybenutzer im Auto empfehle ich: mit dem Handy am Ohr nur bei gutem Empfang zu telefonieren, hinsichtlich der reduzierten Sendeleistung (und bei schlechtem Empfang sofort abbrechen)!

Wir haben uns vorzustellen, dass die Nutzung elektrischer Energie immer mit der Umwandlung elektromagnetischer Energie (Feldenergie) in andere Energieformen verbunden ist, z. B. in Wärme- oder sie ist an mechanische Energie gekoppelt (Wärmeenergie findet als »Wellenstrahlung oder Wärmeübertragung« statt, und das in der Nähe des Kopfes und des Auges). Auftretende Felder bleiben nicht zwingend innerhalb der Handys (wie bereits gesagt, es handelt sich um ein »elektrisches Betriebsmittel«), die können sich nicht nur bei einfachen Ausführungen außerhalb der Geräte-

---

[169] United States Army Medical Research Detachment, Orvotron, The Bionthly Newsletter, March/April 2000.
[170] die »Internationale Interphon-Studie« 2010.

Betriebsmittel ausbreiten. Und Felder, die sich frei ausbreiten, können in andere Betriebsmittel eindringen und dort die Funktion des Betriebsmittels beeinflussen/stören, das wiederum Frequenzen-Bruchstücke zur Folge hat und aussendet. Betriebsmittel, die der Funkkommunikation dienen, wie z. B. Mobiltelefone oder Radioempfangs-Geräte, senden elektromagnetische Felder aus, die auf diese Weise verstärkt werden. Die elektromagnetische Verträglichkeit umfasst damit ungewollte Wellen- und Funktionsstörungen in Betriebsmittel durch z.B. elektrische, magnetische oder elektromagnetische Felder. Das betrifft auch Quer-Ströme und Spannungsbrücken.

Es versteht sich von selbst, dass zur Sicherstellung einer reibungslosen elektromagnetisch verträglichen Funktion elektrischer Betriebsmittel ein sachgerechter Aufbau stattfand. Der Nachweis von Störunempfindlichkeit (Störaus-Sendung) ist durch EMV-Richtlinien/Normen geregelt und kann durch Fachleute gemessen/überprüft werden.

In der EU-EMV-Richtlinie heißt es, die elektromagnetische Verträglichkeit ist wie folgt fest gelegt: Durch die Fähigkeit (des Betriebsmittels, des Handy-Apparates) einer Anlage oder eines Systems, hat es in der elektromagnetischen Umwelt zufriedenstellend zu arbeiten, ohne selbst elektromagnetische Störungen zu verursachen (auszulösen), die für alle in dieser Umwelt vorhandenen Apparate, Anlagen oder Systeme unannehmbar sind.

Daraus wurden Schutzanforderungen abgeleitet, die jedes Handy überprüft, das in Verkehr gebracht wird, und eingehalten wird. Die Schutzanforderungen legen fest, dass einerseits die Störaussendungen des Betriebsmittels so gering wie möglich sein sollen, dass z. B. Radios oder TVs in der Störumgebung nicht unzulässig beeinflusst werden (Knacken/Rauschen). Dabei handelt es sich um eine Begrenzung der Störquellen. Andererseits sollen in die

Betriebsmittel einwirkenden Störgrößen (Felder, Störströme, »Rauschen«, Brummen)[171] dessen Funktion nicht beeinträchtigen. Das Innenleben des Handys muss also hinreichend »stör fest« angeordnet und »verdrahtet« (gelötet) sein.

Für Betriebsmittel, die die einschlägigen EMV-Normen einhalten, wird davon ausgegangen, dass die Schutzanforderungen eingehalten worden sind (da sonst Regress gefordert bzw. sich das verkaufstechnisch schlecht auswirkt). Der VDE bzw. die DKE ist in Deutschland für die Normung zuständig, die zunehmend international oder der EU-angeglichen werden (wie IEC, CENELEC und CISPR).

Ein übliches Störkopplungsmodell verursacht durch eine Störquelle, Kopplungspfad und Störsenke. Es kann im fremden Handy (Betriebsmittel) eine Störquelle (engl. source) auslösen, das beeinflusste Handy (Betriebsmittel) wird dann zur Störsenke (engl. load).[172]

Wir unterscheiden zwischen natürlichen und technischen Störquellen sowie Störsenken (natürliche Störquelle ist ein Unwetter/Blitz, natürliche Senken sind wir Menschen oder andere Lebewesen). Typische technische Störquellen sind Frequenzumrichter (meistens in weitem Abstand eines Sendemastes), technische Störsenken sind Funkempfangsgeräte (und Peilsender im Amateurfunk).

Bei der Beeinflussung der Biomasse durch elektrische, magnetische oder elektromagnetische Größen sprechen wir

---

[171] Beuth,Klaus, Wolfgang Schmusch, Elektronik 3. Grundschaltungen. 10.Aufl.,Vogel, Würzburg 1990.
[172] Damit es zu solch einer Beeinflussung der Senke durch die Quelle kommt, muss die Störung zur Senke gelangen, um dort als Störgröße wirken zu können. Weg zwischen Quelle und Senke = eine Kopplung. Kriterium von Güte einer Signalübertragung ist der Störabstand.

auch von elektromagnetischer Umweltverträglichkeit (EMVU). Der Schutz gegenüber diesen Störbarrieren (elektrische Aufladung, Blitze) wird unter »E-Schutz/Blitzschutz« gehandhabt.

Kopplungsmechanismen sind: (A) Die Galvanische Kopplung (Impedanzkopplung).[173] Diese entsteht an gemeinsamen Impedanzen des Störstromkreises mit Stromkreis aus der Störsenke. Dies kann Bauelemente oder Leitungsabschnitte beider Stromkreise beinhalten (über die Ausgleichsströme fließen), und die über Impedanz des gemeinsamen Leitungsabschnitts Spannungen koppeln.[174] (Die weiteren Begriffe wie kapazitive Koppelung, Induktive Koppelung, Strahlungskoppelung habe ich Gerthsen,[175] entnommen. Kapazitive und induktive Beeinflussungen elektrischer bzw. magnetischer Felder werden als feldgebundene Störungen bezeichnet).

(B) Kapazitive Kopplung bezeichnet Einflüsse durch elektrische Felder (Überkopplung auf parallel geführte Leiter im Kabel oder -kanal oder parallel geführte Leiterbahn auf einer Leiterplatte. Dieser Effekt kann auftreten zwischen parallelgeführten Leitungen mit hochohmigen Abschlussimpedanzen).

(B) Induktive Kopplung bezeichnet Beeinflussung einer Störsenke durch ein Magnetfeld. Die Induktive Verkopplung entsteht mittels Magnetfeld-Entkoppelung (Einkoppelung), üblicherweise in Leiterschleifen angeordnet, zwischen parallelgeführten Leiterschleifen, die jeweils nieder-ohmschen

---

[173] Gerthsen Chr., Kneser HO., Vogel H., Physik, Springer Berlin, Heidelberg, Y N 1982,290.
[174] Anmerkung: Spätestens an dieser Stelle ist der Begriff Impedanzkopplung technisch dem üblichen Begriff galvanische Kopplung vorzuziehen, da Kondensator keine galvanische Verbindung anbietet.
[175] Gerthsen, u.a. 1982, 290ff.

Abschlussimpedanzen aufweisen, dem Verhältnis von elektrischer Spannung an einem Endverbraucher. Die Impedanz ist, im Gegensatz zum rein ohmschen Widerstand, abhängig von der Frequenz der anliegenden Spannung.

(C) Von Strahlungskopplung spricht man, wenn ein elektromagnetisches Feld auf eine Störsenke einwirkt. Elektrische Leiter eines Kabels oder auf Platinen können als Antenne wirken und z. B. Radio-/Funksignale empfangen die auf dem Leiter als Störsignale entstehen. In der EMV wird zwischen leitungsgebundenen und feldgebundenen Störungen unterschieden:

(AA) Eine leitungsgebundene Störung wird von der Störquelle über Versorgungs-/Signalleitungen zur Störsenke geleitet.

(BB) Ein Knacken im Radio/TV kann durch das Abschalten des Kühl-Aggregates eines Kühlschranks verursacht werden, das Abschalten der Versorgungsspannung mithilfe eines Temperaturschalters erzeugt Spannungspulse mit einem Spektrum im hörbaren Frequenzbereich. Wenn die Spannungspulse über die Versorgungsleitung (selbe Stromkreis einer Wohnung) zum Radiogerät geführt und dort demoduliert werden, kommt es zu einer Knackstörung. Abhilfe schafft eine Filterung.

(CC) Feldgebundene Störungen werden als elektromagnetisches Feld auf die Störsenke übertragen und können dort von einem als Antenne fungierenden Leiter empfangen werden.

(DD) Ein Beispiel für eine feldgebundene Störung ist die Entkopplung (Einkoppelung) einer GSM-Mobiltelefon-Übertragung in eine Audioeinrichtung, einem Autoradio oder in einem Festnetztelefon. Grund dafür kann ein nicht ausreichend abgeschirmter Lautsprecher oder ein Kabelstrang sein.

Typischen Störgeräusche werden durch GSM-Mobiltelefone verursachte, da diese den HF-Träger (GSM-Signal) niederfrequent, im hörbaren Frequenzbereich, nach einem Zeitmultiplex-Verfahren ein-ausschalten. In Lautsprechern kann es durch Induktion zu einem Spannungsaufbau mit Störgeräuschen kommen.

Zur Vermeidung von Störungen dient eine EMV-gerechte Auslegung von Anlagen oder Geräten. Zu den bekannten Maßnahmen zählen Schirmung und Filterung elektrischer Schaltungen, Verdrillen, die Verwendung symmetrischer Bau-Signale. Häufig lassen sich Störungen durch Anlegen eines Masse-Schlusses beheben.

Wirksam sind je nach Störsituation entweder das Unterbrechen oder das Zusammenschließen elektrischer Massen, etwa zur Vermeidung der o.g. galvanischen/Impedanz-Kopplungen durch geeignete Taktfrequenzen.

Elektromagnetische Wellenstrahlung können zum Beispiel in Schaltungen Spannungen bzw. »Ströme« erzeugen. Diese können im einfachsten Fall zu einem Rauschen im Fernseher, im schlimmsten Fall zum Ausfall der Elektronik führen.

Die elektromagnetische Verträglichkeit stellt sicher, dass zum Beispiel »Herzschrittmacher/Defibratoren« oder »Steuerelektronik« von Kraftfahrzeugen und Flugzeugen nicht ausfallen. In Flugzeugen ist der Betrieb von Mobiltelefonen unter bestimmten Auflagen daher möglich, aber im Allgemeinen nicht flächendeckend gestattet (vgl. Luft EBV). Besondere Aufmerksamkeit beansprucht die elektromagnetische Verträglichkeit auch im industriellen Maschinen- und Anlagenbau. Hier müssen häufig leistungsstarke elektromechanische »Aktoren« (Stellglieder) und Sensoren[176] auf engem Raum störungsfrei zusammenarbeiten.

Aktive Wandler steuern also Wandlungsprozesse von der Eingangsquantität in den Ausgang durch den Aktor. Durch ihn wird die elektrische Spannung = Fluiddruck[177] oder elektrischen Strom (auch Fluidstrom) gesteuert. Dabei ist die für die Steuerung benötigte Energie klein gegenüber den Wandlungsprozessen. Die sich einstellende Kenngröße (Linie) hängt vom Stellglied/Wandler ab. Der Aktor legt also die Kausalität durch die Eingangsgröße fest.

Elektromagnetische Wellen haben Einfluss auf Menschen und die natürliche Umwelt. Das Teilgebiet der elektromagnetischen Umweltverträglichkeit (EMVU) befasst sie sich mit den Auswirkungen auf Umwelt und lebende Organismen, und ist dementsprechend formuliert. Die Energieversorgungs-Unternehmen und der Gesetzgeber

---

[176] Sensoren wandeln Prozesszustände in Informationen um und sind dadurch Informationsquellen. Dagegen sind Aktoren Informationssenken.
[177] Kemp, 2009, 18ff. Bei Senken (Verlusten) finden in Wandlern interne Vorgänge in einer Richtung ab, die Vorgänge sind nicht reversibel, in denen die Entropie abnimmt: Unter »Fluiden« wird aus der Flüssigkeits-Mechanik, Wärmeleitung, Diffusion und chemischer Reaktion der Begriff abgeleitet, worin »Fluide«, sowohl für newtonsche Fluide und nicht-newtonsche in einer Diktatur der Seelenlosigkeit (Aldous Huxley) gelten. Dagegen ist die »Fluid-Gnosis nationaler Strömungen« aus manichäischen Elementen, die zu den ariosophischen Wurzeln führen. Und zwar liegen natürlich Voraussetzungen der Möglichkeit für Fehlentscheidungen im Bösen beinhaltet, in welcher Konzentration das Böse vorliegt. In diesem Zusammenhang möchte ich auf irritierende Widersprüche aufmerksam machen, auf mythologische, religiöse und irrationale Wurzeln innerhalb des NS: Wurzeln aus der Ariosophie, Theosophie, Heiliger Gral, Edda, Agartha, Armanen, Thule-Gesellschaft gelten als Belege. Die bereits bei Rosenberg vorhandenen Bezugspunkte zur östlichen Mystik Asiens (Indien, Tibet, Bhagavad Gita) wurden vom »Schwarzen Orden« als synkretische Verbindung zwischen den Religionen sowie den Gruppen der Atheisten, den sogenannten »Arischen Christen« gesehen, natürlich ein Widerspruch in sich.

schreiben in der EU den Herstellern von Elektrogeräten vor, in Deutschland durch das Gesetz über die elektromagnetische Verträglichkeit von Betriebsmitteln, entsprechende Schutzanforderungen einzuhalten, die durch Grenzwerte zur Störfestigkeit oder Einschränkung der Störr aus-Sendung in einschlägigen Schriften niedergelegt wurden.

Mehr zu diesem Thema findet sich unter dem Stichwort CE-Kennzeichnung mit Informationen zu EMV-Richtlinien (Niederspannungsrichtlinie).

Stets wird die Einhaltung der Schutzanforderungen verlangt. Die auf das Gerät anwendbaren harmonisierten europäischen Normen werden auch im Regelfall eingehalten, um den Menschen einen störungsfreien Betrieb von Elektrogeräten zu gewährleisten. Dies führt dazu, dass der/diejenige, der/die ein Gerät auf dem Europäischen Markt anbietet, EMV-Prüfungen oder gleichwertige Nachweisverfahren über sich hat ergehen lassen. Als gleichwertige Nachweisverfahren eignen sich, je nach Komplexität des Gerätes, bereits einfache Plausibilitätsbetrachtungen.

Während der letzten Jahre wurden innerhalb der EU viele Anstrengungen unternommen, Grenzwerte und Rahmenbedingungen verschiedener Länder einander anzugleichen, z. B. im Rahmen der EMV-Richtlinie.[178]

---

[178] In Deutschland kümmern sich die Bundesnetzagentur (ehemals Regulierungsbehörde für Telekommunikation), das Bundesamt für Strahlenschutz (BfS) und die Bundeswehr im Rahmen der Verordnung über das Nachweisverfahren zur Begrenzung elektromagnetischer Felder um die Einhaltung der Schutzanforderungen oder der Grenzwerte.

Bei Basisstationen ist hingegen durch die Konstruktion und Abstand zu anderen Stationen sichergestellt, so dass Menschen der Antenne nicht zu nahe kommen. Bereits nach wenigen Metern ist die Intensität der Strahlung auf weniger als ein Tausendstel dessen abgesunken, was in der unmittelbaren Umgebung der Antenne gemessen wird. Selbst wer eine Basisstation auf dem Hausdach hat, muss nicht mit hoher Belastung rechnen: Die Abstrahlung erfolgt bewusst in horizontaler Richtung. Unter der Antenne befinden wir uns folglich im Funkloch, wenn nicht nahe Hauswände oder Metallgegenstände einen Teil der Wellenstrahlen reflektieren.

Basisstationen können auch sehr »schwachbrüstige Sender« sein, insbesondere, wenn wir sie mit den bereits seit Jahrzehnten installierten Radio- und Fernsehsendern vergleichen. Während im Rundfunkbereich 25 Kilowatt nicht unüblich sind, kommt eine Basisstation im innerstädtischen Kleinzellennetz oft mit 0,025 Kilowatt aus. Die Folge ist, dass ein städtisches Privatradio meist mehr Strahlung in die Umgebung abgibt, als alle Basisstationen der Stadt zusammen. Allerdings arbeitet das Radio bei niedrigeren Frequenzen, die in der Regel unkritischer zu beurteilen sind. Es lässt sich aber feststellen: Wenn es Gefahren gibt, dann gehen diese vor allem von Handys aus. Hier sind wiederum zwei Klassen zu unterscheiden: thermische und athermische. Thermische Effekte beziehen sich darauf, dass ein Teil der Mobilfunkstrahlen im Gewebe absorbiert wird und dieses damit aufheizt. Thermische Effekte sind vor allem in schlecht durchblutetem Gewebe zu erwarten. Hierzu gehört insbesondere das Eiweiß des Augen-innere. Vermeiden Sie es also, das Handy so zu halten, dass die Antenne zu nah an das Auge herankommt - halten Sie die Antenne besser nach hinten. Am stärksten wird das Ohr durch thermische Effekte aufgeheizt - doch haben Sie diese auch, wenn Sie an einem sonnigen Tag ins Freie gehen.

Auf der anderen Seite geht es weiter mit dem Thema Handy-Strahlung und Verträglichkeit sowie Tipps, wie Sie die Belastung verringern können. Die möglichen gesundheitlichen Auswirkungen der Handy-Nutzung sind seit Jahren umstrittenes Thema. Zwar konnte bisher kein direkter Zusammenhang zwischen bestimmten Erkrankungen und der Mobilfunkstrahlung hergestellt werden, als gesundheitlich völlig unbedenklich gilt der Mobilfunk jedoch nicht (so wird von WHO-Experten eingeräumt). Allein die Angst vor der Strahlung kann gesundheitliche Beeinträchtigungen mit sich bringen. So klagten Anwohner, in deren Umfeld ein Mobilfunkmast errichtet wurde oder sich ein Funkpeilsender befindet, plötzlich über Kopfschmerzen und Schlafstörungen - obwohl die Antenne zu diesem Zeitpunkt nicht in Betrieb war.

Seit sich herausgestellt hat, dass zwei aufsehenerregende Studien über angebliche Erbgut-Schäden durch Mobilfunkstrahlung auf gefälschten Daten beruhen, haben es Mobilfunk-Kritiker auch nicht leichter, ihre Bedenken nachdrücklich zu vertreten. Das »International Journal of Epidemiology« veröffentlichte eine kombinierte Analyse der bevölkerungsbasierten multinationalen Fall-Kontroll-Studie über Gliome und Meningiome, die häufigsten Gehirntumore. Diese Studie stellt kombinierte Datenanalysen über Kopf- und Nackentumore dar, die als Teil des international koordinierten Interphone-Projekts veröffentlicht wurde. Dabei kamen die Autoren zu folgendem Schluss: Insgesamt wurde keine durch den Gebrauch von Mobiltelefonen verursachte Zunahme des Risikos beobachtet, an einem Gliom oder Meningiom zu erkranken. Es gab Hinweise eines vergrößerten Risikos von Gliomen auf den höchsten Expositionsniveaus, aber statistische Verzerrungen und andere Fehler erlauben keine kausale Interpretation. Die möglichen Effekte eines langfristigen intensiven Gebrauchs von Mobiltelefonen verlangen nach der Aussage dieses Berichtes weitere Untersuchungen notwendig.

In der die Studie begleitenden Presseinformation äußerte Christopher Wild, Direktor der Internationalen Agentur für die Forschung über Krebs (International Agency for Research on Cancer, IARC): »Ein erhöhtes Risiko, an Hirntumoren zu erkranken, wird durch die Interphone-Daten nicht nachgewiesen. Die Beobachtungen in der Kategorie der höchsten kumulativen Anruf-Zeit und die sich ändernden Verhaltensmuster bei der Nutzung von Mobiltelefonen seit der durch Interphone untersuchten Periode, besonders bei jungen Menschen, deuten an, dass Mobiltelefongebrauch und Hirntumor-Risiko es verdienen, weiter untersucht zu werden«.[179]

Mobilfunk-Antennen: Allein der Anblick kann Kopfschmerzen auslösen. Auch diese Studien liefern bislang keinen Hinweis auf die Schädlichkeit der Mobil-Funknutzung, sieht allerdings weiteren Forschungsbedarf für die Langzeitnutzung. Die Mobilfunk-Industrie geht noch weiter und sieht dieses Ergebnis als Beweis für die Unbedenklichkeit der Mobilfunknutzung an: »Das Interphone-Projekt ist die größte Studie ihrer Art, die jemals in diesem Bereich unternommen wurde und bedeutet eine weitere klare Bestätigung hinsichtlich der Sicherheit von Mobiltelefonen. Die Gesamtanalyse stimmt mit Ergebnissen früherer Studien und dem beachtlichen Umfang der Untersuchung/Forschung überein, die kein erhöhtes Gesundheitsrisiko aus dem Gebrauch von Mobiltelefonen ableiten«,[180] so Michael Milligan, Generalsekretär des Mobile Manufacturers Forums (MMF), über die Studie. Er fuhr fort: »Das Fehlen von erhöhten Gesundheitsrisiken umfasst auch den langfristigen

---

[179] Marie Anne Winter, Teltarif.de/Journal of Epidemiology, 2011.
[180] Michael Milligan, Generalsekretär des Mobile Manufacturers Forums (MMF)

Mobiltelefon-Gebrauch von mehr als 10 Jahren. Die Autoren machen deutlich, dass die Datenlage bezüglich der selbstberichteten Schätzung der Nutzung in der Vergangenheit für die eindeutige Interpretation eines möglichen Risikos wegen möglicher Fehler oder statistischer Verzerrungen ungenügend waren. Zum Beispiel wird in der Studie festgehalten, dass Menschen mit einem Gehirntumor ihren zurückliegenden Mobiltelefongebrauch erwiesenermaßen überschätzten, und dass eine Verzerrung der Rücklaufquoten der Fragebögen wahrscheinlicher wird, wenn an der Studie teilnehmende Personen wahrnehmen, dass - wie in unterschiedlichen Medien umfangreich berichtet wurde - Mobiltelefongebrauch mit Gehirntumoren in Verbindung gebracht werden. Selbst mögliche Verbindungen sollten zum handeln beitragen«.[181]

Elektromagnetische Felder
Wohl fast jeder kennt die lästigen Geräusche, die aus dem Radio tönen, wenn wir daneben mit dem Handy telefonieren. Unerwünschte Aussendungen von Frequenzen aus anderen Betriebssystemen zu verstehen, welche nicht deren Funktion entsprechen und somit stören,[182] sind ein Problem. Werden diese Entstörung (Abschirmung) nicht oder nur ungenügend

---

[181]Michael Milligan, Generalsekretär des Mobile Manufacturers Forums (MMF).
[182]Netzbrummen, das sind elektromagnetische 50-Hz-Felder, die überall in der EU vorkommen, wo ein Wechselstromnetz vorhanden ist. Ein Kabel in einem starken Feld, erzeugt in ihm eine Brummspannung, die sich auf angeschlossene Verstärker/Beschallungsanlagen übertragen kann. Zum Schutz vor derartigen Effekten werden gefährdete Kabel mit einer Schirmader versehen. Wenn aufgrund eines Defekts die Schirmung des Kabels wirkungslos wird, kommt es allerdings ebenfalls zu den gefürchteten Brummtönen. Auch beim Hantieren mit Mikrofon-Steckern entstehen neben Knacklauten ebenso Brummtöne, da kurzzeitig die Schirmung ausfallen kann

durchgeführt, werden Betriebs-Systeme, welche sonst einwandfrei funktionieren, durch sie gestört. Beispiel ist der schlecht isolierte (entstörte) Staubsauger, welcher das Radio zum knacken bringt. Bei Geräten der Info-Elektronik, auch PC's, greifen Anforderungen an die maximalen Stör-Aussendungen (EU-Standard, Class B). Nach dieser VO dürfen diese im Frequenzbereich von 30 - 230 MHz bei der elektrischen Feldstärke den Wert von 40 dBµV/m und bei 230 - 1000 MHz den Wert 47 dBµV/m nicht überschreiten (Abstand von 3 m). Dies entspricht einer elektrischen Feldstärke von 0,1 mV/m bzw. 0,224 mV/m.

Störsignale können z.B. auch über elektromagnetische Felder einer benachbarten Sendeanlage existieren. Ist die Störsicherheit zu gering, dann können bei dem Betriebssystem Effekte auftreten, welche unerwünscht sind. Sehr unangenehm sind pfeifende Hörgeräte. Gefährlich sind Funktionsstörungen von medizinischen Geräten und vereinzelt in den 62er Jahren sind sogar tiefliegende Starfigther F-104 (von Lockheed) in der Pfalz abgestürzt, wegen gestörter Bordelektronik durch Rundfunksender. Sie wurden bei uns damals in der Pfalz »Witwenmacher« bezeichnet. Die grundlegende technische Ursache dafür ist darin zu sehen, dass die gestörten Geräte über interne Komponenten, Anschlussleitungen oder Antennen externe elektromagnetische Felder oder Signale als Störsignal aufnehmen und in einer nicht vorgesehenen Weise reagieren (= falsch auswerten und aussteuern).

»Da es anscheinend kaum möglich ist, in der Umgebung von Sendeanlagen die von ihnen erzeugten elektromagnetischen Felder auf einen beliebig tiefen, für alle anderen Geräte ohne jedem Aufwand störungsfreien Wert abzusenken, wurden für diese »anderen« Geräte im Lauf der Jahre wachsende Mindestforderungen für deren Störsicherheit gestellt«.[183]

Früher wurden dabei nur die möglichen Störungen durch vergleichsweise weit entfernte Rundfunksender bedacht, doch heute kommen durch die zunehmende Verbreitung von unterschiedlichsten Sendeanlagen (wie auch Handys) immer mehr Forderungen in Bezug auf Stärke und Frequenz der »ertragenden« Störungen hinzu. Entsprechend je nach Gerätetyp (und dessen Preisklasse) unterschiedlich sind dadurch auch die Anforderungen, welche für eine Auswahl für den Frequenzbereich des Mobilfunks (ca. 900 - 2000 MHz) ist: Unterhaltung - Haushalts-(PC)-Elektronik mit z.B. 3 V/m (Verträgliche Mindest-Störfeldstärke) Verschiedene Institutionen wie die Bundesnetzagentur führen am Markt stichprobenhafte Nachprüfungen durch, wobei es besonders bei Billig-Geräten (Importen) hohe Beanstandungsquoten gibt.

Bei welchen Abständen zu verbreiteten Sendeanlagen werden diese geforderten Feldstärken nun erreicht?

Die gesundheitliche Wirkungen frequenter elektromagnetischer Felder: Elektromagnetische Felder > Frequente Felder > Grenzwerte:[184]

$$1{,}5 - 400 \quad 27{,}5 \quad 0{,}073$$
$$400 - 2.000 \quad 1{,}375 \times \sqrt{f} \quad 0{,}0037 \times \sqrt{f}$$
$$2.000 - 300.000 \quad 61 \quad 0{,}16$$

3 V/m >10 V/m>100 V/m Anm: Dect-Station etwa 1,5 m ca. 40 cm < 1 cm Basis-station oder Mobilgerät GSM-Handy~3 m ca. 1 < 1 cm. Bei max Sende-Leistung (2 W > 900 MHz) GSM-Basisstation etwa 40 m, etwa 12 m, etwa 1 m

---

[183] Wikipedia, Brummspannung, abgerufen am 8.11.2011.
[184] Rechtliche Grundlagen, Grenzwerte der 26. BImSchV im hochfrequenten Bereich für ortsfeste Anlagen mit Elektromagnetischer Feldstärke E [V/m]/Magnetischer Feldstärke H [A/m] (Wikipedia, abger. am 8.11.2011).

Sende-Leistung 10 Watt, im Freien und in Hauptstrahl-Richtung, Antennengewinn 17 dBi Abstände gängiger Mobilfunkanlagen zur Erreichung von verschiedenen Störfeldstärken.

Im militärischen Bereich[185] wird mittels »Psychotronischer Generatoren« elektromagnetische Wellen übertragen, die über TV-und Fon-Kabel, Wasserrohre und Leuchtstoff-Röhren transportiert werden können. Der Autonome Generator erzeugt Infraschall (10-150 Hz), im speziellen Bereich zwischen 10-20 Hz (gefährlich für alle Lebewesen). Nervensystem-Generator wirkt auf ZNS des Menschen und Tieren (Insekten). Mit Ultraschall können chirurgische Operationen vorgenommen werden (Mit dieser Methode kann auch getötet werden). Lautlose Cassetten, sublime Botschaften können über Niedrigschallbereich in Musikmedien verbreitet werden. Versteckte Bilder, können im Unterbewusstsein eingesetzt werden. Gezielte Medikamentierung über verschiedene Wege der Ernährung/Trinkwasser möglich - die Trance, Euphorie, Depression auslösen (weitere Symptome sind Kopfweh, Stimmenhören (Brummspannung), Schwindelgefühl, Bauchschmerzen, Herzrhythmus-Störungen).

Die absorbierte Energie eines »Radio-Frequenz«-Feldes (RF) in lebenswichtigen ZNS - Bereichen bewirkte an der Schädelbasis von Soldaten Schädigungen, dort wo das Rückenmark in die Gehirnmasse übergeht, selbst wenn mit homöopathischen Dosen operiert wurde. Dabei reichte es aus, dass diese Region des ZNS auf einige Grade über 36 Grad Celsius erhitzt wird, um ….In Prozeduren am Bewusstsein

---

[185] Timothy L Thomas, The Mind has No Firewall.Foreign Military Statudies Office, Fort Leavenworth KS. 98

werden Gehirnareale bestimmten Frequenzen ausgesetzt, gleichzeitig mit leisen, bestimmten Brummtönen ständig zu »Beschallen«. Schließlich wird das »ein-und-selbe« Wort wie bei der Samadhi-Entspannungstechnik wiederholt bis zur unartikulierten Form. Nach geraumer Zeit können Teile seiner Lebenserinnerung ausgelöscht werden und zwar für geraume Zeit oder für immer.

Anhand dieser Ergebnisse wird verständlich, warum z.B. viele Radios, PC-Lautsprecher (vor allem selbst gebaute von Frank & Lilly in Gross Trallala! neben einer DECT-Station oder GSM-Handy dessen Betrieb akustisch untermalen).

Beim Vergleich von Grenzwerten für elektromagnetische Felder können wir fragen, warum technische Geräte wohl »sorgsamer« behandelt werden sollen wie der Mensch. Dazu werden gerne Beispiele aus der Tierwelt bemüht, wo z.B. Vögel und Bienen aufgrund des Erdmagnetfeldes ihren Weg finden und damit die Empfindlichkeit biologischer Systeme genügend unter Beweis stellen. Dieser Argumentation stehen jedoch folgende Positionen gegenüber:

»Menschen haben keine Sinnesorgane für elektromagnetische Felder und können diese somit nicht auswerten. Deswegen sind auch Vergleiche eventueller Wirkungen von »gepulsten« Hochfrequenzsignalen Unsinn«.[186]

Dagegen gibt es in der Tierwelt einzelne Gattungen, welche für spezielle Frequenzen elektromagnetischer Felder solche Sinnesorgane besitzen (siehe Ameisen, Bienen Haifische). Technische Geräte fangen aufgrund ihrer metallischen Bauteile (welche als Antennen wirken) weitaus besser elektromagnetische Felder auf wie biologische Systeme.

---

[186] Wikipedia, abgerufen am 8.11.2011.

Mit Hilfe neuer Frequenzbereiche soll insbesondere in bisher mit schnellen Internetzugängen unterversorgten Gebieten Deutschlands ein schnellerer Breitband-Internetzugang möglich werden. Versteigert wurden mehrere Frequenzblöcke in den Bereichen um 800 MHz, 1,8 GHz, 2 GHz und 2,6 GHz. Diese Frequenzbereiche grenzen an die bisher für den Mobilfunk genutzten und im Deutschen Mobilfunk-Forschungsprogramm (DMF) erforschten Frequenzbänder. Frequenzbänder (900/1800 MHz für GSM und um 2 GHz für UMTS).

Der Frequenzbereich um 2,6 GHz liegt oberhalb des lizenzfrei nutzbaren »ISM«-Bandes (Industrial, Scientific and Medical Band) um 2,45 GHz, der von »WLAN« und »Bluetooth« genutzt wird. Der Bereich um 800 MHz wird als »Digitale Dividende« bezeichnet. Dieser Frequenzbereich wurde bisher unter anderem für die terrestrische Verbreitung von Fernsehprogrammen genutzt. Er wurde durch die Digitalisierung von Rundfunk und Fernsehen für andere Funkanwendungen frei (geschaltet), da die digitale Ausstrahlung der Programme ein wesentlich kleineres Frequenzband benötigt.

Im Rahmen des 2010/11 abgeschlossenen Deutschen Mobilfunk Forschungs-programms (DMF) hat das BfS mögliche gesundheitliche Risiken sowie grundsätzliche biologische Wirkungen und Mechanismen der beim Mobilfunk verwendeten hochfrequenten elektromagnetischen Felder untersucht.

Die im Rahmen des DMF untersuchten Frequenzbereiche wurden bewusst breit gefasst und flossen in einigen Studien ein (über die aktuell für den Mobilfunk genutzten Bereiche). Ziel war es, die Ergebnisse zu den grundsätzlichen biologischen Wirkungen und Mechanismen sollten Aussagekraft für das gesamte Frequenzspektrum der

Telekommunikation haben und es ermöglichen, auch die Wirkungen zukünftiger technischer Entwicklungen zu bewerten (Die Ergebnisse des DMF lassen sich so auch auf neue Frequenzen übertragen).

Aus den Ergebnissen des DMF lassen sich deshalb Schlüsse auf die möglichen gesundheitlichen Risiken durch die elektromagnetischen Felder der neu versteigerten Frequenzbänder ziehen: Da diese Bänder eng bei den derzeit für den Mobilfunk und für andere Funktechnologien genutzten Frequenzbereichen liegen, ist nicht zu erwarten, dass sich ihre biologisch-medizinischen Wirkungen grundsätzlich unterscheiden. Das bedeutet, dass auch für die gesundheitliche Bewertung dieser Frequenzbereiche die »Wärmewirkung« ausschlaggebend ist. Dass nicht-thermische Auswirkungen bisher nicht nachgewiesen werden konnten, solange die Grenzwerte eingehalten werden, gilt das auch für diese Frequenzen.

Lizenzbedingungen der Bundesnetzagentur und EU schreiben keine bestimmte Technik vor. Um die Frequenzen möglichst effizient zu nutzen und einen schnellen Internetzugang mit einer möglichst hohen Datenübertragungsrate zu erreichen, wird voraussichtlich der neue Mobilfunkstandard »LTE« (»Long-Term Evolution«) eingesetzt werden, der bzgl. der Signalform eher dem UMTS-Standard ähnelt, als dem GSM-Verfahren. Das von LTE benutzte Modulationsverfahren (»Orthogonal-Frequenc-Division-Multiplexing«, OFDM) wird auch von anderen drahtlosen Übertragungstechniken wie z.B. DVB-T und WiMAX eingesetzt.

Unterschiedlicher Wirkmechanismus für das Übertragungsverfahren von LTE ist unwahrscheinlich. Wissenschaftliche Studien ergaben bisher keinen Hinweis darauf, dass Wirkungen hochfrequenter elektromagnetischer Felder nur bei bestimmten Frequenzbereichen oder nur bei bestimmten Modulationsarten auftreten – so dass die Ergebnisse des DMF auf LTE übertragbar sind.

Unterschiedliche Wirkmechanismen können für die nicht untersuchten Frequenzbereiche und Modulationsverfahren grundsätzlich natürlich nicht völlig ausgeschlossen werden. Langzeitwirkungen von Mobilfunkstrahlung wird weiter untersucht. Die Frage nach Langzeitwirkungen und Wirkungen auf besonders empfindliche Organismen - wie Kinder und junge Menschen - konnte das DMF bislang nicht abschließend beantworten, da drahtlose digitale Kommunikationstechnik erst seit etwas mehr als zehn Jahren genutzt werden (sind verlässliche Aussagen über Langzeitwirkung noch nicht möglich).

(Aus »ethischen Gründen« konnten Kinder und junge Menschen im Rahmen des DMF mit Ausnahme von epidemiologischen Studien nicht untersucht werden). Die Bewertung des gesundheitlichen Risikos für Kinder und jungen Menschen basiert daher im Wesentlichen auf Berechnungen und Übertragungen der Ergebnisse von Untersuchungen an Erwachsenen auf Kinder bzw. von jungen Tieren auf Kinder. Diese Übertragungen sind naturgemäß mit Unsicherheiten behaftet.

Allerdings sollte aus Sicht des BfS beim Betrieb der bestehenden sowie bei der Entwicklung neuer drahtloser Kommunikationstechniken aus Gründen der Vorsorge darauf geachtet werden, dass die Strahlenbelastung von Nutzern so gering wie möglich zu halten. Dies gilt uneingeschränkt auch für die Techniken, die die erfolgreichen Bieter in den neu versteigerten Frequenzbereichen einsetzen.

Grundsätzlich fordert das BfS dazu auf, wesentliche Parameter neuer Techniken rechtzeitig bekannt zu geben, damit Wissenschaft und Strahlenschutz Gelegenheit haben, vor der

Einführung der neuen Techniken deren Gesundheitsverträglichkeit zu prüfen.

Seit 1997 gilt in Deutschland die »Verordnung über elektromagnetische Felder« auf der Grundlage des Bundes-Immissionsschutzgesetzes (26. BImSchV). Diese Verordnung VO wurde zum Schutz der Bevölkerung vor gesundheitlichen Gefahren elektromagnetischer Felder erlassen. Sie stützt sich auf Empfehlungen der Strahlenschutzkommission und der »Internationalen Kommission zum Schutz vor nichtionisierender Strahlung« (ICNIRP). Es ist eine Grundlage, die eine Empfehlung beinhaltet, auf wissenschaftlich nachgewiesenen gesundheitsrelevanten biologischen Wirkungen, die durch Feldeinwirkung ausgelöst werden können (Die in der VO festgelegten Grenzwerte im Hoch-und Nieder-Frequenzbereich gelten nur für ortsfeste Sendeanlagen).

Neben den nachgewiesenen Risiken gibt es einzelne Hinweise auf mögliche biologische Wirkungen der hochfrequenten Strahlung bei geringen Feldintensitäten. Deshalb wird vom BfS empfohlen, die Grenzwerte durch geeignete Vorsorgemaßnahmen zu ergänzen. Ziel dieser Vorsorgemaßnahmen sind sicherzustellen, dass: Bürgerinnen/Bürger möglichst geringen Intensitäten der HF-Felder ausgesetzt sind, umfassende, objektive und sachliche Informationen für Bürgerinnen/Bürger verfügbar sind, wissenschaftliche Unsicherheiten durch gezielte sowie koordinierte Forschung geklärt werden sollen. Für die verschiedenen Anwendungsbereiche hochfrequenter Strahlung ergibt sich daraus eine Vielzahl von Vorsorgemaßnahmen, die bei den einzelnen Anwendungen angesprochen werden müssen. Die Empfehlung (1999/519/EC) stützte sich bereits auf internationale Empfehlungen. In dem durch die 26.

BImSchV abgedeckten Bereich sind Zahlenwerte der Empfehlung und Grenzwerte der VO identisch.

Geltende Grenzwerte sind frequenzabhängig. Für die verschiedenen Mobilfunknetze ergeben sich unterschiedliche Grenzwerte; für das D-Netz (um 900 MHz) ergibt sich ein Grenzwert von 41 V/m für die elektrische Feldstärke = 0,11 Ampere/m (für die magnetische Feldstärke). Dies entspricht einer Leistungsflussdichte von 4,5 W/m^2. Für das E-Netz (um 1800 MHz) betragen die entsprechenden Werte 58 Volt/m, 0,16 Ampere/m und 9,2 W/m^2. Für das UMTS-Netz (um 2 Giga-Hz) gelten die Werte: 61 Volt/m, 0,16 Ampere/m und 10 Watt/m^2.

Die 26. BImSchV gilt nur für feststehende Anlagen, die gewerblichen Zwecken dienen oder im Rahmen wirtschaftlicher Unternehmungen Verwendung finden. Die Funksendeanlagen der öffentlich-rechtlichen Rundfunkanstalten zum Beispiel werden dabei nicht berücksichtigt. In der »Verordnung über das Nachweisverfahren zur Begrenzung elektromagnetischer Felder« (BEMFV) ist geregelt das »Standortbescheinigungsverfahren«. Im Rahmen dieses Standortbescheinigungs-Verfahren sind »gemäß § 5 Absatz 1 BEMFV in Verbindung mit § 3 BEMFV unter anderem die Grenzwerte der 26. BImSchV zu berücksichtigen« (BEMFV).[187]

---

[187] BEMFV vom 20. August 2002 BGBl. I, 3366.

Spermienschädigung, Embryonalität, Genetik der Ovarialfollikel

Die im letzten Kapitel dargestellten »Unbedenklichkeitsberichte« werden stets immer wieder von anderen Medien/Meinungen tangiert hinsichtlich der Gefahren von »Mikrowellen-Strahlung«, die von Mobilfunktelefonen und -Basisstationen abgegeben werden. Wie gefährlich ist nun die Mobilfunkstrahlung auf das ZNS? Und was können wir tun, um das persönliche Risiko zu verringern?

Im Mai 2010 wurden erste zusammengefasste Ergebnisse aus der INTERPHONE-Studie über möglichen Langzeitfolgen der Mobilfunknutzung veröffentlicht. Der Auswertung zufolge konnte kein erhöhtes Risiko von Hirntumoren durch Handynutzung nachgewiesen werden. Die nun vorliegende Studie kann jedoch nicht alle offenen Fragen hinsichtlich der Langzeitnutzung des Mobilfunks beantworten. Das BfS sieht daher – wie auch die Autoren der INTERPHONE-Studie – für die Langzeitnutzung und für mögliche Auswirkungen auf Kinder und junge Menschen (weibliche wie männliche) weiterhin Forschungsbedarf und empfiehlt als Vorsorgemaßnahme, die individuelle Strahlenbelastung so gering wie möglich zu halten.[188]

Interphon-Ergebnisse wurden von unabhängigen Gesundheitsbehörden, wie der Weltgesundheitsorganisation (WHO) und anderen Expertengruppen hinsichtlich ihrer Bedeutung für die menschliche Gesundheit bewertet. Derzeit werden mehrere längerfristige Studien, wie die COSMOS-

---

[188] Veröffentlichung: Mobilfunk - Risikodiskurse in Wissenschaft, Politik und Öffentlichkeit Der Schwerpunkt »Mobilfunk - Risikodiskurse in Wissenschaft, Politik und Öffentlichkeit« der Zeitschrift »TECHNIKFOLGENABSCHÄTZUNG – Theorie und Praxis« (Nr. 3, 17. Jahrgang, Dezember 2008; Hrsg.: Institut für Technikfolgenabschätzung und Systemanalyse (ITAS)) gibt einen Überblick über die Diskurse zum wissenschaftlichen Kenntnisstand zu möglichen gesundheitlichen Risiken des Mobilfunks.

Studie durchgeführt, die den Gesundheitszustand von 250 000 europäischen Mobiltelefonnutzern über 20-30 Jahren beobachten. Weiterhin laufen mehrere Projekte speziell über Kinder und Teenager. Hierzu gehören internationale Studien MOBI-Kids und CEFALO sowie das australische MORPHEUS-Projekt. In diesen Studien gehen die Autoren davon aus, dass, wenn auch keine eindeutigen Beweise für eine Schädigung durch Mobilfunkstrahlung nachweisbar ist – eine gewisse Vorsicht im Umgang gefordert wird: Die Schädigung auf indirektem und nicht – thermischem Wege sind ein weltweites gesellschaftliches Problem. Die Schädigung von Spermien sowie die abnehmende Fruchtbarkeit der jungen Männer infolge Mobilfunkstrahlung (mit nicht-ionisierender Strahlung hat nicht die Energie, die DNA direkt zu schädigen). Nach Studien in verschiedenen EU-Ländern in den vergangenen vier Jahrzehnten hat die durchschnittliche Spermien Zahl um mehr als die Hälfte abgenommen. Dafür werden chemische Weichmacher (Phthalate) verantwortlich gemacht, die wie Hormone wirken.[189] »Die Anzahl, Beweglichkeit und Form der Spermien in der Samenflüssigkeit, die für die erfolgreiche Fertilisierung entscheidend sind – haben sich dramatisch verschlechtert«.[190]

Dafür werden im weitesten Sinne Umweltgifte verantwortlich gemacht: für die Fertilität können nämlich Weichmacher und zugleich »Mobilfunkbestrahlung« verantwortlich gemacht werden. Allerdings kann prinzipiell keine generelle Aussage über die Auswirkungen von Weichmachern/im Zusammenhang von Strahlung getroffen werden, da

---

[189] Wittassek M, Heger W, Koch HM, Becker K, Angerer J, Kolossa-Gehring M: Daily intake of di(2-ethylhexyl) phthalate (DEHP) by German children – a comparison of two estimation models based on urinary DEHP metabolite levels. IN: Int. J. Hyg. Environ. Health. 210, 1 (2007) 35-42.
[190] DIE ZEIT, 14.10.2010.

synergistische Auswirkungen nicht möglich waren zu untersuchen.

Phthalate umfassen bereits je nach Anwendung komplett unterschiedliche Gruppen von Chemikalien, so wie es eben auch nicht möglich ist, generell über die Wirkung von Lösungsmitteln (wie Ester oder Wasser) zu sprechen, da die Bezeichnung eine Verwendung charakterisiert und nicht die chemische Gruppe bzw. deren Wirkstoffe.

Bestimmte Weichmacher auf Basis der Phthalate können alleine Unfruchtbarkeit bei jungen Männern verursachen, da sie in ihrer Wirkung bestimmten Hormonen ähneln. Sie können die Testosteron-gesteuerte Stufen im menschlichen Körper beeinflussen. Alternativen zu Weichmachern aus der Gruppe der Phthalate, können nur bei gleichzeitiger Neuoptimierung physikalischer und chemischer Eigenschaften eingesetzt werden, eine einfache Austauschsubstanz existiert (bislang) nicht.

Das Handy in der Hosentasche oder SMS unter der Schulbank versenden – beeinträchtigt generell die Fruchtbarkeit, denn in fast allen Fällen wird der Beckenbereich (und die Hoden) einer höheren Frequenzbelastung ausgesetzt (Hauptaussagen der De Iuliis/Aitken – Ergebnisse sind mehrfach reproduziert, ein Wirkmechanismus identifiziert, Kriterien der Wissenschaftlichkeit erfüllt durch: Rufaufbau 10.000.000 $\mu W/m^2$).[191] Auch wenn das Handy ausgeschaltet ist, wirken elektromagnetische Felder auf Spermien[192] und schädigen sie mit oxydativen Stress, lösen Störungen im zellulären Transportsystem aus und beruhen auf einer Kombination

---

[191] Geoffry N. De Iuliis, R. John Aitken, Rhiannon J. Newey, Brune V. King, Mobile Phone Radation Induces Reactive Oxygen Species Production and DNA Damage in Human Spermatozoa In Vitro. 2009.
[192] Huber, Knirsch-Wagner, Nebenwirkungen Handy, Wien 2007: 31.

verschiedener Prozesse, die in den Mitochondrien zur Reduktion der Zellenenergie (ATP) führen.

Eine weitere Gefahrenquelle ist das Surfen mit dem Laptop auf dem Schoß über WLAN mit dem Netz verbunden. Messungen ergaben sehr hohe Dauerbelastungen von > 25.000 µW/m^2, der BUND (Umwelt und Naturschutz) fordert ein Wert von 100 µWatt/m^2. Die Mobilfunkstrahlen generieren freie Radikale in den Mitochondrien der Spermien,[193] dadurch entstehen DNA – Schädigungen der Spermien. Als Folge treten Unfruchtbarkeit oder Schäden bei Neugeborenen auf. In unseren Laboratorien wurden elektromagnetische Funkwellen verstärkt sowohl im Bereich der Leistungsflussdichte und Frequenzbandbreite von Handys. Dadurch bildeten sich Sauerstoffspezies der Spermatozoen, wobei die Mobilität, Vitalität der Zellen sich verringerten – während zunächst Bildung von DNA-Basen–Adduktion zu beobachten war und schließlich ihre Fragmentation.

In deutschsprachigen Ländern (und Städten)[194] werden die Ergebnisse zur Wirkung von EMF auf die Entwicklung werdenden Lebens völlig ignoriert – nicht nur Männer, auch Mädchen und Frauen sind davon betroffen. Hochfrequente und mittelhohe Frequenzen sind embryotisch, deshalb warnt die Institution um Professor I. Magras (Aristotle University of Tessaloniki): »Aufgrund der Ergebnisse unserer experimentellen Studien sowie in Übereinstimmung mit dem Vorsorgeprinzip empfehlen wir für menschliche Embryos und Kinder, im Hinblick auf HF-Strahlung wie z. B. von

---

[193] Mitochondrien sind winzig kleine Organellen, sie sind die Kraftwerke in unseren Zellen. Sie gewinnen ihre Energie in Form von ATP durch oxidativen Abbau von Nährstoffen. Haben die Fähigkeit zur Selbstreduplikation. Besitzen ringförmiges DNA, eigene Ribosomen, sind von einer doppelten Membran umgeben.
[194] Entsprechen 1.680 - 10.525 µWatt/m^2, d.h. der Normalbelastung in deutschen Städten.

Mobiltelefonen alle geeigneten Vorsichtsmaßnahmen zu ergreifen«.[195]

Abschließend möchte ich ein Interview mit Stevenblack wiedergeben: [196]Darin sagte er: »...ich (Stevenblack) habe drei Papiere, die zeigen, dass niederfrequente Mikrowellen die Genetik der Ovarialfollikel beeinträchtigen. Was das jetzt in Alltagssprache bedeutet, unterschiedlich von Jungen, wenn junge Mädchen geboren, werden sie um die vierhundert Eizellen in ihren Eierstöcken haben. Die Mikrowellen können die genetische Struktur, wie wir wissen, in den Eierstöcken beschädigen. Wenn das junge Mädchen aufwächst, heiratet und Kinder haben wird, wenn sie schließlich eine Tochter besitzt, ist der spezielle mitochondriale genetische Schaden irreparabel. Es gibt überhaupt nichts, was es reparieren könnte...«.

»Wenn Sie also eine Tochter haben, wird ihre Tochter die genetische Missbildung weitertragen, und die Tochter ihre

---

[195] Magras, I., Vorsorgemaßnahmen für die Nutzung von Mobiltelefonen, insb. Für Embryosund Kinder, die aufgrund einer Reihe bio-elektromagnetischer Experimente empfohlen werden. Hellenic Congress on the Effects of Electromagnetic Radiation, Mai 2008.
[196] Stevenblack, Word press.com harte Fakten über Mikrowellentechnologie. Mind Control Protokoll, 10.2.2011. Über diesen Artikel bin ich auf das NEXUS-Magazin mit Autor Dimitri A. Khalezov [196] sowie »Victor Bout« aufmerksam geworden. Betr. Anschläge auf den WTC-Gebäudekomplex vom 11.9.2001 in New York unter »falscher Flagge«. Khalezov, ex. Mitarbeiter des russischen nuklearen Geheimdienstes. Er schockiert selbst jene, die gedacht hatten, längst hinter den Schleier voller Lügen zu blicken, seine Enthüllung: Die dritte Wahrheit über den 11. September. Er formuliert ein Papier-Ergebnis: worin die Stahl-Gebäude des WTC in New York möglicherweise durch Thermitreaktionen (Aluminium+Fe(III)oxid) und thermonukleare Sprengungen zum Einsturz gebracht wurden und nicht durch die Aluminium-Boeings und deren Kerosin (Vgl. auch Alice im Wunderland u WTC-Desaster: Warum die offizielle Geschichte des 11.9. eine monumentale Lüge ist, Icke, David, Nina Hawrauke).
»Victor Bout« wird »Händler des Todes« genannt. Bout – wird für den Anschlag (mit Marschflugkörper- Cruise Missile bzw. einer russischen Rakete »Granit«) auf das Pentagon am 9.11. verantwortlich gemacht. Siehe Interview Daniel Estulin und Dimitri A. Khalezov, www.danielestulin.com/2010/10/13/entevista-dimitri-khalezov.

Tochter wiederum wird die genetische Missbildung weitertragen, und deren Tochter wird es.... Es ist kein Spiel, es ist kein kleiner Kasten, an dem Tasten gedrückt werden und womit herumgespielt werden kann und womit wir Spaß haben. Es werden zukünftige Generationen gefährdet, solange eine weibliche Reihe unserer Kindeskinder und deren Kinder fort bestehen. Für mich persönlich ist dies der erschreckendste Aspekt von allen«.

Literaturverzeichnis

Aitken R, John N Geoffry, De Iuliis, Rhiannon J. Newey, Brune V King, — Mobile Phone Radation Induces Reactive Oxygen Species Production and DNA Damage in Human Spermatozoa. In Vitro. 2009

Austin James H., — Zen-Brain-Reflektors 1985-2006. unpublished

BEMFV — BGBl. I, 3366, 20. August 2002

Berger, Hans, — Über die Elektroenzephalographie des Menschen. In: Arch f Psychiatr. 87, 1929

Biermann Kai, — Indect - Traum der EU vom Polizeistaat. Die Zeit, 24. Sep. 2009

BImSchV 26. — Rechtliche Grundlagen, Grenzwerte der 26. BImSchV im hochfrequenten Bereich für ortsfeste Anlagen mit Elektromagnetischer Feldstärke E [V/m]/Magnetischer Feldstärke H [A/m] (Wikipedia, abger. am 8.11.2011)

Butkiewicz Tomasz, — »Auf Vogelsang Massenmörder ausgebildet«, Aachener Zeitung, 23.11.2006

Crowell, J. A., et al., — Resveratrol-associated renal toxicity. Toxicol. Sciences 82 (2004) 614-619

Crowell, J. A., et al., — Resveratrol-associated renal toxicity. Toxicol. Sciences 82, 2004

Dahrendorf Ralf, Axel Schildt, — NS-Regime, Modernisierung und Moderne. Tel Aviv, Jahrbuch der deutschen Geschichte, 1994

Delgato, José — Physical Control of the Mind. To a Psychocivilized Society. USA 1969

Dickreiter Michael, Volker Dittel, et al., — Handbuch der Tonstudiotechnik. Nürnberg 2. Bde, Verlag K G Saur, München 2008

DIE ZEIT	Schädigung von Spermien. Bericht aus Diagnose-Funk, Giblenstr. 3, CH 8049 Zürich, 14.10.2010
Eberhardt J L., et al,	Blood-brain barrier permeability and nerve cell damage in rat brain 14 and 28 days after exposure to microwaves from GSM mobile phones. In: Electromagn Biol Med 27, 2008
Eliade M.,	Rites and Symboles of Initiation. Sheel and Ward. 1958
Engelhardt Isrun,	Ernst Schäfer, In: Neue Deutsche Biographie (NDB). Band 22, Duncker www.danielestulin & Humblot, Berlin 2005
Estulin Daniel, Dimitri A Khalezov,	Interview,com/2010/10/13/entevista-dimitri-khalezov
Fosar Grazyna, Franz Bludorf,	Informationsübertragung mit elektromagnetischen Wellen http://einballimwasser.de/2011/04/
Fosar Grazyna, Franz Bludorf,	Internet aus der Steckdose – die lautlose Gefahr! Wenn das World Wide Web zum weltweiten Wahnsinn wird. http://www. fosar-bludorf. Com /archiv/.index.htm.2011
Franke H., u. a.,	Electromagnetic fields (GSM 1800) do not alter blood-brain barrier permeability to sucrose in models in vitro with high barrier tightness. In: Bioelec-tromagnetics 26, 2005
Gerthsen Chr., Kneser, Vogel H.,	Physik, Springer Berlin, Heidelberg, Y N 1982
Gresch Hans Ulrich,	»Unsichtbare Ketten«. Internet, z. Downl.
Gresch Hans Ulrich,	Ist ihr Nachbar ein Attentäter. Wunderwelt Wissen Magazin, Heft Feb./März 2010

Hakl Hans Thomas,	Der verborgene Geist von ERANOS. Unbekannte Begegnungen von Wissenschaft und Esoterik. Eine alternative Geistesgeschichte des 20. Jahrhunderts. Scientia nova - Verlag Neue Wissenschaft, Bretten 2001
Halle Uta,	Veröffentlichungen des Naturwissensch./Historischen Vereins für das Land Lippe, Bd.68, 2002
Hendry JH, et al.	Human exposure to high natural background radiation: what can it teach us about radiation risks? In: J Radiol Prot. Juni 2009 29(2A), A 29-425, abgerufen am 8. Jan 2011
Herfs Jeffrey,	Reaktionary Modernism. Technology, Culture and Politics in Weimar and the Third Reich. N Y 1984
Huber, Knirsch-Wagner,	Nebenwirkungen Handy, Wien 2007
Hunt,	The United States Government, Nazi Scientists, and Project Paperclip, 1945 to 1991
Icke David(Autor),	Das Größte Geheimnis. Dieses Buch verändert die Welt (A. Wunderland u das WTC-Desaster. Warum die offizielle Geschichte des 11.9. eine monumentale Lüge ist). 2011
Ihm Max	In, Bastarnea, Paulys Realen-cyclopädie des classischen Altertumsw. III.1, 1897
ITAS	Mobilfunk - Risikodiskurse in Wissenschaft, Politik und Öffentlichkeit« der Zeitschrift »TECHNIKFOLGEN-ABSCHÄTZUNG – Theorie und Praxis« (Nr. 3, 17. Jahrgang, Dezember 2008
Johnston Ian,	EU funding 'Orwellian' artificial intelligence plan to monitor public for »abnormal behavior «.

	The Daily Telegraph, 19. September 2009
Jonas Hans,	Das Prinzip Verantwortung. Versuch einer Ethik für die technologische Zivilisation. Frankfurt/Main 1984
Keith Jim,	Mass Control, Engineering Human Consciousness. Litburn 1999
Kemp Peter H.,	Auf den Weg nach Europa. München, Ravensburg 2009
Kemp Peter H.,	Mondes divers - diverse Welte. Allee witt - husch, ehr/allez houste - fort mit euch - Elwedritsche in Saar-Lor-Lux. Édition de Wackes. Meisenheim, Colmar/ Elsass 2011
Kemp Peter H.,	A new drug trafficking route from Lo to W-China, Kazakhstan, Kyrgyzstan, Tajikistan/Uzbekistan. Contributions to Himalayan Studies. Nepalguni Medical College. Kathmandu/Nepal 1982
Kemp Peter H.,	Salinisation of the Aral Sea ecosystem (The »Aral sea-syndrome«). WBGU, Bonn 1997
Kemp Peter H.,	Die Reise zum hl. Berg Kailash in Tibet. Politische Widerständler, verbotene Zonen und unbekannte Religionen im Königreich Mustang. Lithouse, Berlin 2006
Kemp Peter H.,	Calcium-Carbonat-Gips-Bildungen unter kapillar-porösen Sebkha-Modellbedingungen. Reimer Berlin 1986
Khalezov Dimitri,	Die dritte Wahrheit (zu 9/11). NEXUS Magazin 31 Okt-Nov. 2010
Knill M.,	Beeinfl.-Manipulation-Propaganda. 2007
Kristof Nicholas D.,	Scrubbing Our Cell Phones of Conflict Minerals, N Y Times, 26. Jun 2010

Lambrinidis Stavros,	INDECT bedeutet Big Brother EurActiv.de-Interview, 2011
Levine Robert,	Die große Verführung. Psychologie der Manipulation. Piper, o.J.
Lévi-Strauss	Anthropologie structurale (dt. v. Hans Naumann, Strukturale Anthropologie I, Suhrkamp, Frankfurt/M 1967
Lévi-Strauss,	Structures élémentaires de la parenté (dt. v. Eva Moldenhauer, Die elementaren Strukturen der Verwandtschaft, 1981
Lévi-Strauss,	La pensée sauvage (dt. v. Hans Naumann, Das wilde Denken, Suhrkamp, Frankfurt am Main 1968
Lin & Wang,	Health Physics 92 (6), 621-628, 2007
Lombardie Kristen,	Death by Dust auf VillageVoice.com; http://www. villagevoice. com/2006-11-21/news/death-by-dust/
Magras I.,	Vorsorgemaßnahmen für die Nutzung von Mobiltelefonen, insb. Für Embryosund Kinder, die aufgrund einer Reihe bio-elektromagnetischer Experimente empfohlen werden. Hellenic Congress on the Effects of Electromagnetic Radiation, Mai 2008
Matthias Monroy,	Mit »intelligenter Strafverfolgung« will man »abweichendes Verhalten« sogar vorhersehen. in: konkret H 3/ 2010
Matthias Monroy;	Allround-System für europäische Homeland Security. TELEPOLIS, 4. Januar 2010
Maugh II Thomas H.,	New report links Alzheimer's and electromagnetic fields. Los Angeles, Times, 31.7.1994

Moechel Erich,	»Indect«, Videotechnik aus dem Burgenland. futurezone.orf. at, 9. November 2009
Möller Jens,	Geomantie Mitteleuropa: Karte zum Extern Stein-System, Verhältnisse der Gitterabstände [ ], Bielefeld 1988
N.N.	British Medical Journal,doi:10.1136/bmj.d6387, 2011
N.N.	»The Lancet Oncology« & IARC-Monographie Nr. 102, 2010
N.N.	Eurobarometer-Studie , Report 347 /Zusammenfassung der Ergebnisse und Stellungnahme des BfS, 2011
Neuber W.,	Verbreitung von Meinungen durch die Massenmedien. Leske/Budrich, Opladen 1993
Nickel Hans, Kemp Peter H,	Neutroneneinfang in spaltbarem Uran-235 u pyrolytische Beschichtung als Brennelement für Hochtemperarturreaktion. Inst für Reaktorwerkstoffe, KFA – Jülich 1968, unpublished manuscript
Nittby H, et al ,	Radiofrequency and extremely low-frequency electromagnetic field effects on the blood-brain barrier. In: Electromagn Biol Med 27, 2008 (Review)
O'Brien, Cathy, Mark Phillips,	Die Tranceformation Amerikas: Die wahre Lebensgeschichte einer CIA-Sklavin unter Mind Control. Washington 2008
Paredes S. D., Korkmaz, A., Manchester, L. C., Tan, D.-X.; Reiter,	Phyto-Melatonin, a review. Journal of Experimental Botany 60 (1) 57-67, 2008
Paredes S. D., Korkmaz, A.; Manchester,	»Phytomelatonin: a review«. Journal of Experimental Botany 60 (1) 2008

Persson B. R. u. a.	Increased permeability of the blood-brain barrier induced by magnetic/electromagnetic fields. In, Ann N Y Acad Sci649, 1992
Rosenberg Alfred	Der Mythos des 20. Jahrhundert. München 1940
Ruppe I.,	Aufbau/Funkt. der »Blut-Hirn-Schranke«. In, Newsletter 1, 2003
Salford L. G., u. a.,	Nerve cell damage in mammalian brain after exposure to microwaves from GSM mobile phones. In: Environ Health Perspect 111, 2003
Salford L.G., u. a.,	Permeability of the blood-brain barrier induced by 915 MHz electromagnetic radiation, continuous wave and modulated at 8, 16, 50, and 200 Hz. In: Microsc Res Tech 27, 1994
Schäfer Ernst,	Geheimnis Tibet. Ein Filmdokument der Deutschen Tibet-Expedition Ernst Schäfer 1938/39 ; Hans Albert Lettow, Ernst Schäfer, Carl Junghans, Lothar Bühle, 1938-1942
Scherb Hagen,	Das sekundäre Geschlechterverhältnis bezieht sich auf die Verteilung bei der Geburt. Helmholz Zentrum München 1991-1995/1996-2009
Schirmacher A., et al,	Electromagnetic fields (1.8 GHz) increase the permeability to sucrose of the blood–brain barrier in vitro. In: Bioelectromagnetics 21, 2000
Schlaginweit H. A. & Robert u Filchner	Petermann, Bd 7, 1861, 1905
Schumann, Harald,	Am deutschen Wesen ...könnte die europäische Währungsunion scheitern. Denn der geldpolitische Dogmatismus der Merkel-Regierung u ihr Programm zur Schrumpfung der Staatshaushalte zeugen von Ignoranz u Heuchelei. Tsp. 04.12.2011
Singer Wolf,	Verschaltungen legen uns fest. Wir sollten aufhören, von Freiheit zu sprechen. In: Geyer,

	Christian (Hrsg.): Hirnforschung und Willensfreiheit. Zur Deutung der neuesten Experimente. Suhrkamp, Frankfurt 2004
Singer Wolf, Matthieu Ricard,	Hirnforschung und Meditation – Ein Dialog. Suhrkamp, Frankfurt am Main, 2008
Spiegel, Der	40/2010
Stack Harry Sullivan,	The Interpersonal Theory of Psychiatry, 1953
Stack Harry Sullivan,	Conceptions of Modern Psychiatry,1947/1966
Stack Harry Sullivan,	Schizophrenia as a Human Process, 1962
Stevenblack,	Word press.com harte Fakten über Mikrowellentechnologie. Mind Control Protokoll, 10.2.2011
Streatfeild D.,	Brainwash: The Secret History of Mind Control. New York 2008
Sydow Jörg,	Der soziotech. Ansatz der Arbeits- u Organisationsgest. Campus1985
Teudt Wilhelm	Germanische Heiligtümer. Beiträge zur Aufdeckung der Vorgeschichte, ausgehend von den Externsteinen, den Lippequellen und der Teutoburg. Eugen Diederichs, Jena 1929-1936. Nachdr der 4. Aufl. Faksimile-Verlag, Bremen 1982
Teudt Wilhelm,	Im Kampf um die Germanenehre. Eine Auswahl von Teudts Schriften. Velhagen & Klasing, Bielefeld 1940
Timothy L Thomas	The Mind Has No Firewall. Foreign Military Studies Office, Fort Leavenworth, KS. 1998
Volker Haak, Stefan Maus, Monika Korte, Hermann Lühr,	Das Erdmagnetfeld – Beobachtung und Überwachung. Physik in unserer Zeit 34(5), 2003

Wagner Richard, Meinecke M., Cizmowski C., Schliebs W., Krüger V., Beck S., Erdmann R.,	The Peroxisomal Importomer Constitutes a Large and Highly Dynamic Pore. Nature Cell Biology 12, 2010
Wayne Morris,	Interview: Claudia Mullen Radio CKLN, Chicago 2004
Wehler Hans-Ulrich,	Nationalismus, Geschichte/Formen/Folgen. München 2001
Weiner Tim,	CIA, Die ganze Geschichte. S. Fischer Frf./M. 2008
White D. Gordon,	Kiss of the Yogini. Tantric Sex in its South Asia Contexts. Chicago University Press 2003
Wiki.piratepartei.lu,	Bericht über INDECT Ethics Board und lancierte Dokumente der Piratenpartei Luxemburg. Dez. 2010
WikiLeaks,	EU social network spy system brief, INDECT Work Package 4, 2009
Winter Marie Anne,	Teltarif.de/Journal of Epidemiology, 2011
Wittassek M, Heger W, Koch HM, Becker K, Angerer J, Kolossa-Gehring M	Daily intake of di(2-ethylhexyl) phthalate (DEHP) by German children – a comparison of two estimation models based on urinary DEHP metabolite levels. IN: Int. J. Hyg. Environ. Health. 210, 1, 2007
Zumsteg, Dominik Hansjörg, Hungerbühler, H-Gregor Wieser	Atlas of Adult Electroencephalography. Hippocampus, Bad Honnef 2004

www.ingramcontent.com/pod-product-compliance
Lightning Source LLC
Chambersburg PA
CBHW020434220526
45464CB00002B/700